LA CLÉ DES FUMURES

ou

GUIDE DE L'AGRICULTEUR

DANS LE CHOIX, L'ACHAT ET L'EMPLOI DES ENGRAIS

OU

RECUEIL D'ANALYSES

DES MATIÈRES EMPLOYÉES COMME ENGRAIS

ET

RENSEIGNEMENTS SUR LES FUMURES EN GÉNÉRAL

Par A. ABADIE

Chef de service à la *Foncière toulousaine*

TOULOUSE
IMPRIMERIE VIALELLE ET Cie
9, RUE DU LYCÉE, 9

1875

LA CLÉ DES FUMURES

ou

GUIDE DE L'AGRICULTEUR

DANS LE CHOIX, L'ACHAT ET L'EMPLOI DES ENGRAIS

OU

RECUEIL D'ANALYSES

DES MATIÈRES EMPLOYÉES COMME ENGRAIS

ET

RENSEIGNEMENTS SUR LES FUMURES EN GÉNÉRAL

Par A. ABADIE

Chef de service à la *Foncière toulousaine*

TOULOUSE

IMPRIMERIE VIALELLE ET Ce

9, RUE DU LYCÉE, 9

—

1875

LA CLÉ DES FUMURES

ou

GUIDE DE L'AGRICULTEUR

DANS LE CHOIX, L'ACHAT ET L'EMPLOI DES ENGRAIS

Nécessité des Engrais.

La terre est le capital du cultivateur ; tous ses efforts doivent tendre à le faire produire le plus possible, sans l'amoindrir, c'est-à-dire en lui conservant sa valeur primitive. Il doit même chercher à l'augmenter de plus en plus, afin d'accroître, chaque année, la somme du produit, puisque les frais généraux de culture, façons et semences, sont les mêmes pour un terrain de peu de rapport comme pour une terre très productive.

Quelque grande que soit d'ailleurs la fertilité d'un terrain, il ne saurait produire indéfiniment, car chaque récolte enlève au sol des valeurs considérables qui diminuent d'autant les richesses accumulées de ce terrain.

Dire qu'une récolte n'a coûté que le prix des semences et des façons, parce que la fertilité du sol a permis de se passer d'engrais, c'est une erreur et une erreur grave ; elle a coûté en plus la valeur de tous les agents nourriciers et fécondants pris au fond de terre, qui en est appauvrie d'autant, et le capital représenté originairement par ce sol a réellement perdu une valeur au moins égale à celle qui lui a été enlevée.

Il ne faut donc pas perdre de vue que les terres les plus riches ne peuvent conserver toute leur valeur qu'autant qu'on restitue au sol au moins autant d'éléments fertiles que les récoltes lui en enlèvent, soit que ces récoltes s'appellent paille ou feuille, laine ou viande, sang ou corne. Cette restitution s'opère par le fumier et par les engrais.

On voit de suite que le rôle du fumier comme celui des autres engrais consiste à apporter aux terrains cultivés les agents fertilisants nécessaires au développement des récoltes qu'ils doivent produire. Ces agents se trouvent tous dans le fumier de ferme, et c'est pour ce motif qu'il est considéré, non sans raison, comme la matière fertilisante par excellence de l'agriculture, comme l'*Engrais type* dont on doit faire le fond principal de toute fumure. Mais il faut pourtant reconnaître que le fumier, tout complet qu'il est, ne contient qu'en quantité insuffisante certains aliments spéciaux à certaines plantes et qu'il faut alors que les autres engrais lui viennent en aide. Ces engrais ne peuvent pas, d'une manière absolue, remplacer le fumier, ils ne peuvent en être que le complément. Agir autrement, c'est marcher à grands pas vers l'infécondité du sol.

Comme, d'ailleurs, il est hors de doute qu'il y a un rapport intime entre la composition des plantes et celle du milieu où elles se développent, il faut, pour diriger la production végétale, rechercher d'abord quels sont les éléments dont une plante déterminée se compose principalement, et ensuite connaître si ces éléments se rencontrent dans le sol où on veut récolter cette plante dans les proportions réclamées par ses exigences.

De cette étude il doit résulter l'une de ces trois conséquences : 1° certains éléments sont absents en totalité de la terre arable ; 2° tous les éléments retrouvés dans le végétal existent dans le sol, mais ils n'occupent pas dans celui-ci le même ordre d'importance que dans celui-là ; 3° le sol présente une composition en parfaite harmonie avec celle de la récolte qu'on veut lui demander de produire.

Il est évident que, dans le dernier cas seulement, l'homme n'a rien à faire que de confier à la terre la semence qui doit germer et fructifier, si d'ailleurs elle rencontre des conditions favorables à son développement. Dans les deux autres cas, le cultivateur a à pourvoir à ce qui manque à la terre arable. Son choix doit se porter surtout sur des substances d'un mérite acquis et qu'il peut facilement amener à un degré de solubilité tel qu'elles puissent se présenter à la plante de manière à entrer à propos dans le tissu végétal, faire partie des sucs qui constituent la sève. Si la solubilité est bien faible, la matière fertilisante ne sera absorbée ou assimilée que dans un temps très long, et chaque année en si petite quantité que l'effet de l'engrais paraîtra presque nul, et ne payera pas la rente du capital, augmenté du prix d'achat, du frais de transport, de son épandage et de son enfouissement.

Un excès de solubilité peut, d'un autre côté, être nuisible, parce que les parties vertes des plantes, évaporant beaucoup d'eau, il peut arriver que les matières salines, abandonnées ainsi dans le tissu végétal en trop grande quantité, oblitèrent les canaux séveux. Il faut donc une assimilabilité graduée dans les matières qui composent l'engrais pour en assurer l'efficacité.

On ne saurait trop le répéter, la terre ne reste productive que si on lui rend toutes les substances passées dans les récoltes. Cette loi de restitution s'applique à tous les principes nutritifs des végétaux, qu'ils soient fixes ou volatils, absorbés en faible proportion ou en quantité considérable. Quelque fertile que soit un terrain, quelques nombreux que soient ses éléments fécondants, une succession non interrompue de récoltes finit toujours par l'appauvrir, et il arrive un moment où les plantes ne trouvent plus dans la couche arable la nourriture nécessaire à leur développement. Cette diminution continue des richesses accumulées dans le sol aurait pour conséquence forcée la stérilité la plus complète, si l'agriculture ne trouvait dans les engrais les moyens d'entretenir l'équilibre entre les causes de perte et la restitution. La science et l'industrie, s'aidant l'une et l'autre, se sont mises à l'œuvre pour trouver des engrais. Leur point de départ a été aussi simple que rationnel :

1° Connaître les éléments constitutifs des végétaux;

2° Avoir une notion exacte du sol sur lequel on doit pratiquer;

3° Rechercher les matières fertilisantes qui peuvent composer les engrais.

4° Enfin, établir, au moins approximativement, les quantités à employer.

Nous allons entreprendre de renseigner le cultivateur sur les points qui précèdent.

Et d'abord quelle est la composition des plantes?

Pour répondre à cette question, nous n'avons rien de mieux à faire que de reproduire les analyses d'un chimiste allemand, Wolf, qui donnent, pour la plupart des récoltes, des résultats suffisamment approximatifs.

PROPORTION MOYENNE D'AZOTE, DE CENDRES ET DES PRINCIPAUX ÉLÉMENTS MINÉRAUX CONTENUS DANS 1,000 KILOGRAMMES DE SUBSTANCE FRAICHE OU SÈCHE :

INDICATION DES MATIÈRES	AZOTE	CENDRES	POTASSE ET SOUDE	CHAUX ET MAGNÉSIE	ACIDE PHOSPHORIQUE
1. Fourrages secs.					
Foin de prairie	13	67	22	11	4
» de trèfle rouge	21	57	20	26	6
» de trèfle blanc	24	60	15	25	9
» de trèfle hybride	25	47	16	22	5
» de luzerne	23	60	16	33	5
» d'esparcette	21	45	19	17	5
» de vesces	23	73	33	24	9
2. Fourrages verts.					
Herbe de prairie en fleurs	5	23	8	4	2
Jeune herbe	5	21	12	3	2
Ray-grass	5	21	6	2	2
Thimothée	6	21	7	3	2
Seigle vert	5	16	6	2	2
Maïs vert	3	8	4	2	1
Sarrazin	5	18	4	11	1
Trèfle rouge	5	13	5	6	1
» blanc	5	14	3	6	2
» hybride	5	10	4	6	1
Luzerne	7	18	5	9	2
Esparcette	5	12	5	4	1
Vesces	5	16	7	5	2
Pois	5	14	6	5	2
Colza	5	14	4	4	1
3. Racines.					
Pommes de terre	3	9	7	1	2
Topinambours	3	10	7	1	1
Betteraves fourragères	2	8	4	1	1
Betteraves à sucre	2	8	5	1	1
Turneps	2	8	4	1	1
Navets	1	6	3	1	1
Rutabagas	3	10	6	1	1
Carottes	2	9	5	1	1
Collets de betterave sucrière	2	7	3	1	2
Chicorée	3	10	5	1	2

INDICATION DES MATIÈRES	AZOTE	CENDRES	POTASSE ET SOUDE	CHAUX ET MAGNÉSIE	ACIDE PHOSPHORIQUE
4. Tiges et Feuilles.					
Pommes de terre, fin août	6	16	3	8	1
» » commenc. d'octobre.	5	12	1	8	1
Betteraves fourragères	3	15	7	3	1
» sucrières	3	18	7	7	1
Rutabagas	4	25	5	9	3
Turneps	3	14	4	5	1
Carottes	5	26	10	10	2
Choux blancs	2	12	7	2	2
Tiges de choux	2	12	6	2	2
5. Produits industriels. Déchets.					
Pulpes de betteraves	3	10	4	3	1
Mélasses	13	93	76	6	1
Résidus de distillerie (mélasses)	2	18	16	1	»
» » (pomm. de terre)	2	6	3	1	1
Farine fine de froment	19	4	2	1	2
» de seigle	17	17	7	2	9
» d'orge	16	20	6	3	10
» de maïs	16	10	3	2	4
Son de froment	22	56	13	12	29
» de seigle	22	71	20	14	34
Drêche	9	12	1	3	5
Malt vert	10	15	3	2	5
» torréfié	14	27	5	3	10
Germes d'orge	38	60	21	2	13
Marc de raisin	»	16	9	3	3
Vin	»	3	2	2	1
Bière	»	4	2	2	1
Tourteau de colza	45	56	14	13	21
» de lin	45	55	13	14	19
» de pavot	52	95	24	31	36
» de coton	»	62	22	5	30
» de noix	»	46	15	9	20
6. Pailles.					
Paille de froment	3	43	6	4	1
» de seigle d'hiver	2	41	9	4	1
» de seigle de printemps	»	48	11	6	1
» d'épeautre	3	48	6	3	1
» d'orge	5	44	14	5	2
» d'avoine	4	44	12	5	2
» de maïs	5	47	17	9	4
» de pois	10	49	13	22	4
» de féveroles	16	58	28	18	4
» de sarrazin	13	52	25	16	6
» de colza	3	38	13	13	9
» de pavot	»	66	10	22	2
Rafles de maïs	2	5	2	1	»
Siliques de Colza	9	66	6	43	4
7. Plantes industrielles.					
Plantes entières de lin	»	32	13	8	7
» » de chanvre	»	28	6	15	3
» » de houblon	»	74	22	16	9
Cônes de houblon	»	60	24	12	9
Tabac	»	198	62	94	7

INDICATION DES MATIÈRES	AZOTE	CENDRES	POTASSE ET SOUDE	CHAUX ET MAGNÉSIE	ACIDE PHOSPHORIQUE
8. Litières diverses.					
Bruyère	10	36	7	12	2
Fougère	»	59	28	13	6
Genêt	»	19	7	6	2
Prêle	»	204	28	30	4
Varechs	»	118	45	21	4
Feuilles de hêtre en automne	8	57	3	28	2
» de chêne	8	42	2	22	3
Aiguilles fraîches de sapin	5	8	1	4	2
Roseau	»	39	3	3	1
Carex	»	70	28	7	5
Jonc	»	46	20	7	3
9. Grains et Graines.					
Froment	21	18	6	3	8
Seigle	18	17	6	2	8
Orge	15	22	5	2	7
Avoine	19	26	5	3	6
Epeautre vêtu	16	36	7	3	7
Maïs	16	12	4	2	6
Millet	24	39	4	4	9
Sorgho	»	16	5	3	8
Sarrazin	14	9	3	2	4
Colza	31	37	9	10	16
Lin	32	32	11	7	13
Chanvre	26	48	10	14	18
Pavot	28	52	8	24	16
Betterave fourragère	»	49	18	17	8
» sucrière	»	45	11	18	8
Navet	»	35	8	9	14
Carotte	»	75	18	34	12
Pois	36	24	11	3	9
Vesce	44	21	9	2	8
Lentille	38	18	10	1	15
Lupin	55	34	17	5	9
Trèfle	»	37	14	7	12
Esparcette	»	38	12	14	9
Féverolle	41	30	12	4	12

Il résulte des tableaux qui précèdent que les plantes sont composées de matières combustibles et de cendres, c'est-à-dire de matières organiques et de matières minérales. Les matières organiques sont formées de : *carbone, hydrogène, oxygène, azote;* les matières minérales sont composées de : *potasse, soude, magnésie, chaux, silice, chlore, soufre, acide phosphorique, oxydes de fer et de manganèse.*

Pour bien saisir la relation intime qui existe entre la composition des plantes et le milieu dans lequel elles se développent, nous allons passer en revue les principes constitutifs du sol.

Composition du Sol.

C'est de la dégradation lente des roches primitives que se sont formés les sols cultivés.

Cristalline et douée des aspects qui en font un des types du règne inorganique, la roche, à moins de se désagréger, ne donnera pas asile aux végétaux. Mais viennent les actions lentes et énergiquement destructives de l'eau et des gelées, la roche se réduit en poudre, roule entraînée par les eaux, se mélange avec les détritus organiques et donne naissance à des alluvions dont la végétation s'empare. Voilà la terre arable.

Connaître la composition des roches, c'est donc préjuger le sol lui-même. Il y a en Bretagne, dit M. Robierre, l'éminent chimiste de la Loire-Inférieure, dans son excellent ouvrage sur *l'Atmosphère, le Sol et les Engrais,* une roche appelée *gneiss* qui renferme quelquefois une égale portion du quartz, du feldspath et du mica. Cette roche composée contient :

Silice.	70.06
Alumine.	15 03
Magnésie.	1 66
Chaux	0 32
Potasse.	7 92
Oxyde de fer.	2 97
Id. de manganèse	0 20
Eau, fluor, acide carbonique. . .	1 79

Cette composition étant adoptée comme type, nous allons y rattacher celle des principales roches dont les débris forment le sol arable :

ROCHES	SILICE	ALUMINE	POTASSE	SOUDE	MAGNÉSIE	CHAUX	FLUOR	OXYDE DE FER	OXYDE DE MANGANÈSE	TAN
Gneiss (1)	71.92	15.20	4.37	3.31	1.70	0.25	0.36	2.76	0.26	0.45
Micaschistes (2)	73.07	13.08	6.06	»	2.49	0.17	0.54	4.08	0.30	1.00
Schiste chloriteux (3)	65.71	8.95	0.78	»	7.28	0.65	»	15.31	»	0.50
Amphibolite (4)	54.86	15.56	0.83	»	9.39	7.29	0.75	4.03	0.11	»
Protogine (5)	75.24	6.59	4.55	»	9.26	0.33	»	1.08	»	2.00

(1) Composé de parties égales d'albite, de quartz et de mica.
(2)   »   »   »   de quartz et de mica.
(3)   »   »   »   de chlorite et de quartz.
(4)   »   »   »   d'amphibole et de feldspath.
(5)   »   »   »   de quartz, feldspath et stéatite.

Les autres roches répandues avec le plus d'abondance dans l'écorce du globe ont été analysées également; voici leur composition :

ROCHES	SILICE	ALUMINE	POTASSE	SOUDE	MAGNÉSIE	CHAUX	OXYDE DE FER ET DE MANGANÈSE	EAU, FLUOR CHLORE ACIDE CARBONIQUE
Granites	72.80	15.30	6.40	1.40	0.99	0.70	1.70	0.80
Diorites	53.30	16.00	1.30	2.20	6.00	6.30	14.00	1.00
Syénites et porphyres syénitiques	62.50	15.50	2.90	3.20	3.50	3.00	8.40	1.00
Eurites et porphyres eurityques	73.50	14.50	4.00	2.80	0.90	0.80	2.50	1.00
R. pyroxéniques (comp. moy)	50.20	16.50	1.10	3.50	5.30	8.80	12.50	2.10
Basaltes	48.00	13.80	1.50	3.00	6.50	10.20	13.80	3.20
Trachytes	66.50	12.00	5.50	6.30	1.10	1.50	5.20	1.50
Laves trachytiques	66.10	17.20	5.50	6.30	1.10	1.59	5.20	1.50

Les premières analyses sont dues à M. T.-H. de Labèche; les secondes sont extraites du Bulletin de l'Académie des sciences.

Dans les terrains secondaires et tertiaires, on trouve des grès, des psammites, des grauwackes, des calcaires, des argiles, des marnes, et dans toutes ces substances la chimie décèle la silice, la chaux, la magnésie et la potasse. Si l'acide phosphorique ne figure pas dans les éléments constitutifs des roches et dans les substances des terrains secondaires et tertiaires, il faut s'en prendre, dit encore M. Robierre, à l'imperfection des procédés opératoires, car les recherches des chimistes modernes établissent nettement que le phosphore fait partie de nombreuses roches où pendant longtemps on ne soupçonnait pas même sa présence.

Un mot sur chacun des éléments qui figurent dans les tableaux qui précèdent.

La silice est très répandue dans la terre, et on la rencontre en quantité plus ou moins grande dans tous les sols. En petite quantité, elle est plus utile que nuisible; mais lorsque le sable domine dans un terrain, les récoltes sont exposées à souffrir de la sécheresse, parce que le sable repousse l'eau et que la moindre chaleur lui fait perdre la faible humidité qu'il peut avoir.

L'alumine unie à la silice forme l'argile. Les terres argileuses n'ont pas partout la même couleur. Elles sont rougeâtres quand elles contiennent de l'oxyde de fer, noires quand elles contiennent beaucoup d'humus ou matière organique. Nous parlerons plus loin de l'humus.

Les sols argileux sont d'autant plus froids qu'ils contiennent plus d'eau, et pendant la sécheresse ils se durcissent, se fendillent, de sorte que les racines des plantes sont coupées ou ne peuvent plus pénétrer dans la terre.

La chaux sert à ameublir les terres argileuses et à les rendre plus perméables à l'air et à leur donner des propriétés qui doivent être favorables à la végétation. Nous ne nous occupons ici de la chaux que comme élément du sol; il en sera question plus tard quand nous parlerons des matières fertilisantes.

La magnésie, à l'état pur, est une substance blanchâtre et insoluble. Pour qu'elle puisse avoir quelque utilité, il faut qu'elle soit attaquée par l'acide carbonique. Le carbonate de magnésie agit dans le sol comme la chaux carbonatée. Il est pourtant vrai de dire que le carbonate de magnésie est moins recherché que le carbonate de chaux.

Le fer se trouve dans la terre à l'état d'oxyde et en petite quantité; il rendrait la terre infertile s'il y entrait pour une portion un peu forte.

La potasse et la soude ont été négligées à dessein. Nous les ferons connaître plus tard; et pour compléter nos renseignements sur le sol arable, il nous reste à dire ce que nous entendons par la matière organique ou humus.

Le sol arable, qui n'est autre que la couche arable retournée par la charrue et dans laquelle les plantes se développent, est donc formé de deux sortes de principes : les uns sont de nature animale et végétale, et les autres d'origine minérale. Nous connaissons ces derniers.

Les premiers proviennent des débris organiques du règne animal et du règne végétal qui se sont décomposés à la surface et dans l'intérieur de la terre ou qui y sont apportés par le cultivateur; mais pour produire un effet convenable, il faut qu'ils soient mélangés avec des principes minéraux; car, seuls, ils donneraient aux plantes une trop grande activité.

Un sol est d'autant plus riche et par conséquent d'autant plus productif qu'il renferme plus de débris organiques, et il ne se trouve pas toujours épuisé par les récoltes qu'il porte, puisque ces récoltes laissent toujours des débris qui se décomposent dans la terre. Ces débris sont des racines, des tiges, des feuilles, des chaumes de céréales, des débris d'autres plantes, pour le règne végétal; des poils, des os, de la corne, des chairs, pour le règne animal. Les débris animaux sont plus riches que les débris végétaux.

Nous aurions encore beaucoup à dire sur d'autres natures de sol, mais nous dépasserions le but proposé. Nous voulons indiquer et non disserter.

Matières fertilisantes.

Est considérée comme matière fertilisante toute substance végétale, ou animale, ou minérale, qui, ajoutée au sol, en augmente la fertilité.

Quelles sont les substances qui doivent avoir notre préférence ? Les substances animales d'abord comme source d'azote et d'humus, quelques matières végétales, dans lesquelles l'azote figure en assez grande quantité ; et enfin les matières minérales.

Nous allons nous occuper en premier lieu des substances animales et végétales comme source d'humus, principe qui ne doit jamais cesser d'exister dans le sol, et que l'on doit y réintégrer, sous peine de le voir dépérir et devenir infécond.

Les détritus animaux ou végétaux ont pour dernier terme de décomposition l'humus, que l'on appelle aussi terreau à cause de sa texture terreuse.

La paille et les excréments des animaux placés dans le sol sont destinés à se transformer en humus.

Parmi les corps qui fournissent l'humus, les uns se décomposent à l'air, d'autres dans le sein de la terre ou dans les lieux humides ou marécageux. Dans ce dernier cas, c'est la tourbe qui se forme.

Les propriétés de l'humus varient selon les corps dont il provient. Les matières fécales donnent un humus plus actif que celui des excréments des animaux ; celui provenant des excréments du mouton, du cheval et des oiseaux, est plus soluble que celui des bêtes à corne. La colombine et le guano, sous volume égal, agissent plus vite que les autres engrais animaux.

Il est tout naturel que les matières animales, dont la putréfaction est immédiate, donnent un humus, sinon de meilleure qualité, au moins plus assimilable que celui des matières végétales qui se décomposent souvent avec difficulté.

La tourbe et la tannée donnent un humus presque tout formé, et en les mettant en contact avec une matière animale quelconque, à décomposition facile, et avec les urines, on arrivera, en peu de temps, à un humus soluble.

En se décomposant dans le sol, les débris organiques produisent deux actions différentes : 1° Ils fournissent aux plantes une partie de leurs principes nutritifs ; 2° ils agissent sur les propriétés physiques du sol.

D'après certains agronomes, l'humus, par le carbone qu'il contient, fournirait à la racine la plus grande partie des éléments nécessaires à la végétation de la plante ; d'autres, au contraire, prétendent que c'est l'atmosphère. Ces discussions nous touchent peu ; contentons-nous de savoir que les terres ont besoin d'humus ; que l'atmosphère n'en fournit pas assez pour suffire aux besoins des récoltes, qu'il faut leur en apporter par les engrais. Voilà la saine doctrine.

Quant aux propriétés physiques, il ameublit les terrains compactes, et donne, au contraire, de la consistance à ceux qui sont trop légers. Par sa couleur, il conserve la fraîcheur dans un terrain sec, et peut, dans d'autres cas, préserver de la chaleur. Il rend les sols compactes plus perméables à l'air et aux autres influences atmosphériques, et il permet aux racines des plantes de pénétrer plus facilement dans la terre arable.

Dans les sols légers, qui sont chauds et brûlants, l'humus se décompose rapidement, de sorte qu'il n'en faut qu'une faible proportion pour produire un effet immédiat ; mais, en revanche, ces sols sont épuisés en très peu de temps, si on ne leur donne beaucoup d'engrais. Les sols calcaires décomposent également l'humus avec une grande facilité. Les matières animales doivent seules fournir l'humus aux terrains argileux.

L'action de l'humus dans le sol ne dépend pas seulement de sa composition, elle dépend aussi beaucoup des années et de l'état dans lequel se trouve la terre lorsqu'on répand l'engrais. En effet, dans une année très favorable à la végétation, on ne remarque pas à beaucoup près la même différence entre un champ pauvre et un champ riche, que si les plantes n'avaient pas été favorisées dans leur développement. Si, au contraire, on place l'engrais dans un sol très pauvre ou dans un autre qui est passablement fertile, il est bien certain que l'effet produit ne sera pas aussi sensible dans le second cas que dans le premier.

Par toutes les considérations qui précèdent, il est sage et rationnel de fournir, par tous les moyens possibles, de l'humus au sol, et le moyen le meilleur à employer, c'est l'engrais.

Les substances les plus aptes à nous donner vite l'humus et à le produire avec économie sont, comme nous l'avons dit plus haut, la tourbe et la tannée.

La tourbe est une matière brune ou noirâtre, spongieuse, légère, formée par l'accumulation des débris de plantes aquatiques dans les marais connus sous le nom de tourbières.

On distingue deux qualités de tourbe qui correspondent à des états de composition différents : 1° La *tourbe compacte*, qui est brune et dans laquelle se montrent quelques détritus végétaux ; 2° la *tourbe herbacée*, qui est spongieuse et formée de débris de végétaux très faciles à reconnaître. Cette qualité de tourbe peut contenir de 1 à 2 d'azote p. 100.

Le poids de la tourbe varie de 45 à 50 kil. à l'état normal.

La tannée épuisée sera facilement convertie en terreau, soit en l'arrosant avec des urines, soit en la faisant servir à la décomposition des animaux morts. Nous avons vendu, l'année dernière, de la tannée qui avait servi à l'équarrissage et dans laquelle M. Barral a trouvé de 7 à 9 d'azote assimilable.

La sciure peut encore, traitée comme la tannée et la tourbe, servir comme source d'humus; mais on ne la trouve pas en assez grande quantité pour en faire le fond d'une fabrication.

Voilà ce que nous avions à dire de l'humus que certaine école semble disposée à regarder comme inutile.

Passons aux substances qui peuvent nous donner l'azote.

Matières azotées.

L'azote est le principe de vie de la plante et l'agent supérieur de toute nutrition, puisque c'est à lui également que nos végétaux alimentaires et ce qui sert à la nutrition de l'homme et de l'animal empruntent la plus grande valeur nutritive. Malheureusement, ce mot *azote* n'a encore, pour le plus grand nombre des agriculteurs, qu'une signification et une valeur mal définies.

Pourtant toute la puissance végétative du fumier de ferme, des chiffons, du sang, des cornes, des tourteaux est là ; car c'est là qu'est l'agent nourricier des hommes et des animaux. Privez les fumiers et les terres de l'azote que contiennent leurs matières organiques, et il n'y a plus de végétation, de fructification surtout. Enlevez aux aliments de l'homme et des animaux l'*azote*, et hommes et animaux périront.

L'azote est donc l'un des éléments les plus essentiels de la végétation.

On le trouve dans les matières organiques animales et dans les matières organiques végétales, et c'est après sa transformation en ammoniaque que l'acide azotique passe dans les plantes.

Dans le tableau des matières végétales, on a vu l'azote contenu dans les tourteaux. Nous n'en reparlerons pas.

Dans le tableau qui suit, on peut voir ce que les analyses ont constaté d'azote dans les matières animales qui y sont dénommées.

COMPOSITION DE 1000 PARTIES DE SUBSTANCES ANIMALES

DÉSIGNATION DES MATIÈRES	EAU	AZOTE	CENDRES	POTASSE	SOUDE	CHAUX	MAGNÉSIE	ACIDE PHOSPHORIQUE	ACIDE SULFURIQUE	ACIDE SILICIQUE
Lait de vache	574	4.8	6.2	1.5	0.6	1.3	0.2	1.7	»	»
» de brebis	860	5.5	8.4	4.8	0.3	2.5	0.4	3.0	0.1	0.2
Fromage	450	45.3	67.4	2.5	26.6	6.9	0.2	11.5	»	»
Sang de bœuf	790	32.0	7.5	0.6	3.4	0.1	0.4	0.4	0.2	0.1
» de veau	800	29.0	7.1	0.8	2.9	0.1	0.2	0.4	0.6	»
» de mouton	790	32.0	7.5	0.5	3.3	0.4	0.4	0.4	0.1	»
» de porc	800	29.0	7.1	1.5	2.2	»	»	0.9	0.1	»
Viande de bœuf	770	36.0	12.6	5.2	»	0.2	0.4	4.8	0.4	0.3
» de veau	780	31.9	12.0	4.1	1.0	0.2	0.5	5.8	»	»
» de porc	740	34.7	10.4	3.9	0.5	0.3	0.5	5.6	»	»
Bœuf vivant	597	26.6	46.6	4.7	1.1	20.8	0.6	18.6	»	0.4
Vache	662	25.0	38.0	2.4	0.6	16.3	0.5	13.8	»	0.2
Mouton	591	22.4	31.7	1.5	1.4	13.2	0.4	12.3	»	»
Porc	528	20.0	21.6	1.8	0.2	9.2	0.4	8.8	»	»
Œufs	672	21.8	61.8	1.5	1.4	54.0	1.0	3.7	0.1	0.5
Laine lavée	120	91.4	9.7	1.8	0.3	2.4	0.6	0.3	»	2.5
» non lavée	150	51.0	98.8	74.6	1.9	4.2	1.6	1.1	4.0	3.5
Excréments frais de cheval	757	4.4	31.6	3.5	0.5	1.5	1.2	9.5	0.6	19.7
» gros bétail	838	2.9	17.2	1.0	0.2	3.4	1.3	1.7	10.4	7.2
» de mouton	655	5.5	31.1	1.5	1.0	4.6	1.5	8.1	1.4	17.5
» de porc	820	6.0	30.0	2.6	2.5	0.9	1.5	4.1	0.4	15.0
Urine fraîche de cheval	901	15.5	28.0	15.0	2.5	1.5	2.4	»	0.6	0.8
» de gros bétail	938	5.8	27.3	14.9	6.4	0.1	0.1	»	1.3	0.3
» de mouton	972	49.5	45.2	22.6	5.4	1.0	3.4	0.1	3.0	0.1
» de porc	962	4.3	15.0	8.3	2.1	»	0.8	0.7	0.8	»
Fumier frais avec litière de cheval	713	5.8	32.6	5.3	1.0	2.1	1.4	2.8	0.7	17.7
» de gros bétail	775	3.4	21.8	4.0	1.4	3.1	1.1	1.6	0.6	8.5
» de mouton	646	8.3	35.6	6.7	2.2	3.3	1.8	2.3	1.5	14.7
» de porc	723	4.3	25.6	6.0	2.0	0.8	0.9	1.9	0.8	18.5
Fumier d'étable frais	710	4.5	44.1	5.3	1.0	5.7	1.4	2.1	1.2	12.5
Fumier d'étable modérément consommé	750	5.0	58.0	6.3	1.9	7.0	1.8	2.6	1.6	16.8
Fumier d'étable fortement consommé	790	5.8	65.0	5.0	1.3	8.8	1.8	3.0	1.3	17.0
Purin	982	4.5	19.7	14.9	2.0	0.8	0.4	0.1	0.7	0.2
Fèces humaines fraîches	772	10.0	29.9	2.5	1.6	6.2	3.6	10.9	0.8	1.9
Urine humaine fraîche	963	8.0	3.5	2.0	4.6	0.3	0.2	1.7	0.4	»
Mélange des deux, frais	933	7.0	16.0	2.1	3.8	0.9	0.6	2.6	0.5	0.2
Fosses d'aisance en grande partie liquides	955	3.5	15.0	2.0	4.0	1.0	0.6	2.8	0.4	0.2
Colombine fraîche de pigeon	519	17.6	173	10.0	0.2	46.0	5.5	47.8	13.0	20.2
» de poules	560	16.3	185	8.5	1.0	24.0	7.1	15.4	4.5	35.2
» de canards	566	10.0	172	8.2	0.5	17.0	3.5	11.0	13.5	28.9
» d'oies	771	5.5	95.9	9.5	1.3	8.4	2.0	5.4	1.1	14.0

Comme il est facile de s'en convaincre, les matières azotées les plus riches en azote sont les laines, le sang, les viandes. Les cornes ne figurent pas au tableau, pas plus que les poils, les cuirs, etc., etc. Nous suppléerons à cette lacune en disant qu'on trouve dans

2

	AZOTE DANS 1000 PARTIES	
	à l'état normal et ordinaire.	à l'état sec.
Chiffons de laine.	17 88	20 26
Urine des urinoirs publics, incomplétement desséchée	16 85	17 56
Morue lavée et pressée.	16 80	18 74
Plumes.	15 34	17 61
Sang sec, coagulé par le feu	14 80	17
Râpures de cornes	14 36	15 78
Guano arrivé directement du Chili ancien	13 90	15 73
Bourres de poil de bœuf	13 78	15 12
Chair de cheval desséchée.	13 23	14 70
Chair musculaire id.	13	14 25
Sang sec soluble.	12 18	15 50
Pains de creton	11 88	12 93
Fiente d'hirondelles.	11 12	»
Débris animaux des tanneries, mélangés.	10 75	»
Rognures de cuir désagrégé.	9 31	»
Colombine.	8 30	9 02
Os fondus.	7 02	7 58
Morue salée et altérée	6 70	10 86
Os gras non fondus.	6 22	»
Guano venu de Londres	5 40	7 05
Os humides	5 31	»
Morue salée.	»	5 02
Sang coagulé et pressé	4 51	17

Pour que l'azote des matières organiques puisse servir à l'alimentation des végétaux, il faut, ainsi que nous l'avons dit, qu'il se transforme en ammoniaque ou en nitrate. Si les matières sont d'une décomposition difficile et lente, elles ne pourront se transformer en sels ammoniacaux que difficilement et lentement. Si, au contraire, elles ont subi un commencement de décomposition, elles donneront plus facilement et plus vite l'azote à l'état d'ammoniaque et de nitrate.

Les matières fécales, le sang, les viandes, la colombine, le guano donnent l'azote tout prêt à passer dans la plante; les chiffons, les bourres, les os ont besoin de se décomposer dans le sol pour être utiles à la végétation.

Ainsi, aux récoltes annuelles, l'engrais humain, le sang, les viandes, la colombine, le guano; à la vigne, les autres détritus animaux à décomposition lente.

Occupons-nous d'abord des déjections de l'homme, les plus répandues après le fumier de ferme.

Engrais humain ou Poudrette.

« Les excréments de l'homme représentent, sous forme d'engrais, les deux tiers de l'azote alimentaire et toutes les matières fixes qui s'y trouvent sous forme de froment, de viande, etc.

« C'est un crime de lèse humanité que de le laisser perdre. » (Bobierre.)

« La poudrette, dit Ducoin, auteur des *Entretiens sur la physique et la chimie*, forme un excellent engrais; elle abonde en substances organiques, et elle est par conséquent charbonneuse; de plus, elle est, par la facilité avec laquelle elle se décompose, très apte à fournir de l'humus. »

Tout le monde s'accorde à reconnaître que, parmi les matières animales, les déjections de l'homme constituent un engrais des plus actifs; tous les principes fertilisants qu'elles contiennent sont assimilables; aussi l'importance qu'on y attache en Chine, en Belgique, en Italie, chez nous, partout enfin où l'agriculture est avancée, est justifiée, parce que, d'une part, c'est l'engrais que l'on peut se procurer avec le plus d'économie, et, d'autre part, parce que sa composition, aussi complexe que celle du fumier, permet de l'appliquer à tous les sols et à toutes les récoltes, en lui faisant subir les modifications commandées par les besoins des plantes à cultiver. Nous ne sommes pas de ceux qui prétendent qu'il peut remplacer le fumier. Comme ce dernier, il est inapte à fournir une fumure complète pour une récolte en vue.

Nous dirons plus tard pourquoi.

L'efficacité de ces résidus de la digestion provient de ce que, sous une forme concentrée et dans un état de division infinie, ils renferment toutes les substances organiques et salines dont les plantes ont besoin pour se développer.

Il y a deux manières de recueillir l'engrais humain, l'une au moyen des fosses fixes, l'autre au moyen des fosses mobiles. Ce dernier est préférable à l'autre.

Nous faisons des vœux pour que le système mobile, sans division, se substitue au système de la fosse fixe qui laisse se volatiliser la moitié de l'azote, principe si précieux à conserver. En effet, par un séjour prolongé dans la fosse où des eaux de lavage viennent se mêler aux urines et contribuer à la dilution des excréments solides, le principe gazeux tend à disparaître, tandis que dans la fosse mobile qui ne reçoit que des déjections et que l'on remplace souvent, ce même principe gazeux ne subit aucune perte.

Cette vérité ressortira des analyses que nous mettrons sous les yeux de nos lecteurs.

Les déjections contenues dans une fosse sont ou mixtes ou solides : mixtes, lorsque les urines et les eaux de lavage se conservent avec les grosses matières ; solides, lorsque la partie liquide a disparu par filtration.

D'après les analyses les plus récentes faites par M. Paulet, les matières mixtes d'une fosse, moyenne de six expériences, contiennent 0,450 d'azote pour 100 litres; dans l'engrais flamand, engrais populaire dans le nord de la France, recueilli dans des tonneaux, exempt d'eau, M. Bobierre a trouvé 0,880 pour 100 d'azote, dont 3/4 à l'état de sels ammoniacaux et 1/4 à l'état d'azote organique. Les matières qui ont servi à M. Bobierre possédaient une densité de 1032 correspondant à 4°5 de l'aréomètre Baumé, tandis que celles sur lesquelles a opéré M. Paulet n'avaient qu'une densité de 1001; ce qui explique la différence de richesse en azote.

D'une analyse à l'autre, l'écart est frappant et tout concluant en faveur de la vidange par la fosse mobile, contenant les urines et les excréments solides. Il ne faut pas croire que toutes les déjections sont les mêmes. Loin de là : l'influence de l'alimentation est pour beaucoup dans leur qualité, dans certaines limites pourtant.

L'alimentation végétale donnera moins d'azote que l'alimentation animale. C'est ce qui a été constaté sur deux échantillons d'engrais flamand, l'un provenant d'une usine où les ouvriers consommaient du pain et des légumes, l'autre d'une maison habitée par des personnes riches et consommant beaucoup de viande.

		ALIMENTATION VÉGÉTALE.	ALIMENTATION ANIMALE.	
Eau..............................		95.190		95.100
Matière organique	3.399	3.559	2.539	3.319
Ammoniaque	0.260		0.740	
Potasse	0.161		0.207	
Acide phosphorique........	0.167	1.251	0.323	1.581
Chlore, soude, chaux, etc....	0.923		1.051	
Azote :		100		100
De l'ammoniaque	0.214		0.610	
Des matières organiques.....	0.335		0.259	
		0.549 (Corinwinder)		0.869 (Girardin)

Non-seulement on trouve dans ces chiffres un intéressant parallèle en ce qui concerne les produits de l'alimentation variée, mais on y trouve aussi une notice très significative sur la véritable richesse en azote des matières fécales. En réalité, nous voyons (analyse Girardin) 4,90 de substance sèche provenant des matières solides et liquides contenant 0,869 d'azote, soit près de 20 pour 100. Ces chiffres rappellent à M. Bobierre la surprise qu'il éprouva lorsque, desséchant un jour des matières fécales très fraîches et mêlées d'urine, il trouva dans la poudrette ainsi obtenue à l'étuve, c'est-à-dire sans altération, la dose de 7 pour 100 d'azote.

M. Barral, de son côté, est arrivé au chiffre de 6 à 7 pour 100.

Pour conserver aux matières fécales leur vertu, il ne s'agit de rien moins que d'arrêter la volatilisation de l'ammoniaque au moyen de l'acide sulfurique ou du sulfate de fer. Ce moyen nous a assez réussi, car nous avons obtenu des poudrettes titrant près de 5 pour 100 d'azote, ainsi qu'on peut s'en convaincre par les deux analyses qui suivent, exécutées au moment de vente, sur produits livrés.

N° 146.   LOIRE-INFÉRIEURE

LABORATOIRE DÉPARTEMENTAL DE CHIMIE AGRICOLE

Arrêté préfectoral du 20 mai 1864.

Je soussigné, docteur ès-sciences, directeur du Laboratoire départemental,

Certifie que l'échantillon de Guano humain qui m'a été remis, le 1er mars 1865, par M. Le Lasseur, de Nantes, a offert les caractères et la composition ci-dessous spécifiés : substance brune exhalant une odeur fécale manifeste :

Humidité.	19
Matières organiques.	46
Sable siliceux.	23 80
Acide phosphorique.	4 52
Magnésie, chaux, alcalis et pertes. .	6 68
	100

Azote, 3,5 pour cent.

L'acide phosphorique représente 9,8 de phosphate des os.

L'azote de cet engrais ne subira qu'une déperdition peu sensible en raison de la fixité donnée à la matière par l'acide phosphorique.

Nantes, le 3 mars 1865.

Le Directeur du Laboratoire départemental,
Signé : A. BOBIERRE.

ÉCOLE IMPÉRIALE DES PONTS ET CHAUSSÉES. — LABORATOIRE

EXTRAIT DU REGISTRE DES ESSAIS

Echantillons d'engrais remis par M. Th. Chateau, 5, rue de Paris, à Puteaux (Seine).

L'analyse de ce produit a donné :

1° *Produits volatils ou combustibles.*

Eau hygrométrique perdue à 104°. . . .	25 05	
Matières volatiles ou combustibles non compris l'azote.	40 67	69.40
Azote (1).	3 68	

2° *Cendres.*

Résidu insoluble dans les acides. . . .	17 21	
Alumine, peroxyde de fer et bases précipitées par l'acide phosphorique..	4 65	
Acide phosphorique (2).	5 38	30 60
Chaux.	0 09	
Magnésie..	6 17	
Acide carbonique et produits non dosés. .	3 10	
	100	100

Paris, le 6 mars 1865.

Signé : Hervé Mangon.

Vu par *l'Inspecteur de l'Ecole*,

Signé : L.-E. Maury.

Il y a loin de ces analyses à celles de Berzélius, que nous citerons à titre de renseignement :

1° L'analyse des excréments d'un adulte (Berzélius), 1804.

---

(1) Les 3,68 pour 100 d'azote de l'engrais humain donnent 4,90 à l'état sec.
(2) Les 5.38 pour 100 d'acide phosphorique correspondent à 7,17 sur l'engrais sec.

2° L'analyse des urines pures (Berzélius), 1809.
3° Diverses analyses de poudrette.

Composition des matières fécales.

Eau	73 30

Matières solubles dans l'eau.

Bile	0 9	
Albumine	0 9	5 70
Matière extrative particulière	2 7	
Sels	1 2	
Résidu insoluble des aliments digérés . . .		7
Matière insoluble, visqueuse, résine, graisse . .		14
Matières animales indéterminées		
		100 00

Quelles que soient l'autorité du nom de Berzélius et presque toujours la rectitude de ses indications, on peut dire que l'analyse des matières fécales laisse encore beaucoup à désirer. Personne ne l'a renouvelée depuis ce savant célèbre qui n'a pas craint de faire le même aveu d'imperfection, en disant qu'il indiquait l'époque à laquelle avait été faite son analyse, afin que cela lui servît d'excuse pour avoir négligé une foule de points, qui de nos jours pourraient être tirés au clair.

La nature des excréments est très variable et tout aussi variable que la nourriture qui les a produits, et, chose remarquable, l'identité n'est point parfaite entre deux déjections d'une même personne soumise à un régime rigoureusement semblable. Ces observations ont pour but de faire comprendre l'impossibilité d'établir la composition moyenne des matières fécales par l'analyse unique des produits d'une seule personne. Un exemple bien remarquable vient démontrer cette vérité :

« Un individu acheta le contenu des fosses d'un des bons restaurants de Paris et se servit de ces matières pour fumer ses terres. Trouvant qu'il avait fait une bonne spéculation, il se rendit adjudicataire des vidanges de plusieurs casernes. La conclusion de ce marché lui fit subir des pertes importantes, car ces dernières substances ne lui permirent pas d'obtenir, à beaucoup près, les résultats que lui avaient procuré les premières. » (Paulet, *de l'Engrais humain*.)

Beaucoup d'ouvrages spéciaux élèvent à 3 pour 100 la proportion d'azote des excréments mixtes de l'homme. Ce chiffre pourrait être exagéré, et il n'y aurait aucun risque en l'abaissant si on ne devait pas prendre des moyens pour empêcher la perte de l'ammoniaque au séchage.

Composition de 1000 parties d'urines pures (Berzélius).

Eau.	933 00

Matières produites dans l'organisme.

Urée.	30 10
Acide urique.	1 00
Mucus vésical.	0 30

Matières salines.

Sulfate de potasse.	3 70
Sulfate de soude.	3 20
Phosphate de soude.	3 00
Bi-phosphate d'ammoniaque. . . .	1 70
Sel marin.	4 50
Sel ammoniacal.	1 50
Phosphate terreux.	1 00
Silice-gélatine.	Traces
Acide lactique, lactates, diverses substances extratives	17 00
	1000 00

L'urée contient 46,66 pour cent d'azote, d'où 14 pour les 30 trouvés dans l'analyse. L'urine, rendue très putride par l'abandon à l'air pendant dix ou douze jours, peut porter son azote à 6,22 pour cent. A partir du treizième jour, il y a diminution; au bout de trois mois, elle ne dose plus que 2,423.

Voici enfin diverses analyses de poudrette (matières fécales séparées des urines et séchées à l'air).

Huit analyses de poudrette, exécutées par M. Barral en 1854, ont donné les résultats suivants :

	Eau.	Matières organiques.	Matières minérales.	Azote.
1	25,50	16,00	55,50	0,889
2	14,50	29,60	55,90	0,912
3	22,00	27,60	50,40	0,683
4	19,00	26,60	54,40	0,927
5	17,50	16,70	65,80	0,929
6	15,20	16,90	67,90	0,729
7	16,00	25,00	59,00	1,448
8	34,06	19,48	46,46	1,440

Ces chiffres donnent une richesse moyenne en azote de 1,10 pour 100.

D'autres poudrettes, d'origines différentes, ont donné :

A MM. Boussingault et Payen (poudrette de Montfaucon).	1,56
A M. Soubeiran — —	1,67
— (poudrette de Bercy).	1,98
Poudrette de Caen (Compagnie, *la Fertilisante*).	1,60
A M. Jacquemars (poudrette de Bondy).	1,50

Ces analyses remontent un peu loin ; aujourd'hui la fabrication a changé, et il n'y a rien d'exagéré à prétendre que ces mêmes poudrettes dosent au moins 2,50 d'azote pour 100. Quant aux sels alcalins, les analyses ci-dessus n'en font pas mention, et pour ce qui est des phosphates, M. Soubeiran en a trouvé 10,01, dans une poudrette de Montfaucon, et 6,89 dans une autre de Bercy, d'où une moyenne de 8,45 pour 100. Wolf, dans des matières en grande partie liquides, provenant d'une fosse d'aisance donnant 45 de cendres, accuse 3,15 d'azote, 2 de potasse, 4 de soude, 2,8 d'acide phosphorique pour 1000.

Colombine, Poulaite.

Ce genre d'engrais, représenté par la fiente des pigeons, celle des poules et dindons, et celle des canards et des oies, a été apprécié de tout temps et dans les auteurs anciens qui ont traité des choses agricoles ; la colombine surtout est l'objet d'une attention toute spéciale.

Voici, d'après Girardin, la composition de la colombine récente, sur 1000 parties en poids :

Eau	790
Matière organique	181
Matières salines diverses	23
Gravier et sable siliceux	6
	1000

M. Pierre a trouvé qu'un échantillon de colombine mélangée, contenant le produit de toute une année, renfermait au moment de l'épandage, sur 1000 parties :

Eau. Matières combustibles et volatiles.	692
Cendres	308
	1000

Le même échantillon, traité par l'eau bouillante pour le dépouiller des matières solubles, et desséché ensuite complétement à 110°, contenait :

Matières combustibles ou volatiles.	638
Cendres, gravier, etc.	362
	1000

La colombine dose en moyenne 5 d'azote et 4 de phosphate. La poulaite dose en moyenne 1,73 d'azote et 8 de phosphate. Ces engrais sont énergiques ; il faut en user modérément. Dans certains pays, dit Bosc, l'on porte toutes les semaines, dans les colombiers et dans les poulaillers, une couche de terre franche que l'on étend sur le plancher ; de cette manière la fiente des pigeons ou des poules s'incorpore avec la terre, et ce mélange peut rester pendant plusieurs mois sans inconvénient dans le colombier ou poulailler en hiver. Pendant le reste de l'année, on enlève le mélange d'autant plus souvent qu'il fait chaud ; c'est-à-dire une fois par mois et même deux lorsqu'on le peut. On dépose cet engrais dans un lieu abrité de la pluie, mais on l'arrose cependant quelquefois pour favoriser le mélange et le rendre plus intense. Dans d'autres endroits, on enlève la colombine de l'habitation de la volaille toutes les semaines, et on la transporte dans une fosse, sous un hangar, où on la mêle couche par couche avec de la terre franche, de manière qu'il y ait dix parties de cette dernière contre une de la première, et l'on utilise le mélange au fur et à mesure des besoins.

A ces conseils, M. Bobierre ajoute que la tourbe pulvérisée constitue un excellent excipient de la colombine.

Guano.

De tous les engrais que le commerce a fourni jusqu'à ce jour, le plus actif est, sans contredit, celui qui portait le nom de Guano du Pérou.

Nous ajoutons à dessein du Pérou ou du Chili, car, selon leur provenance, les autres guanos peuvent valoir moitié moins.

Le guano n'est autre chose que l'excrément de l'oiseau de mer se nourrissant de poissons.

Les proportions des substances les plus efficaces de ce genre d'engrais sont susceptibles d'éprouver des variations énormes, lorsqu'on passe d'une provenance à une autre. Ainsi, sir Th. Way a trouvé :

	Azote correspondant
174,2 d'ammoniaque pour 1000 dans le bon guano marchand du Pérou (Chinchas).	143,3
73,0 d'ammoniaque pour 1000 dans le guano d'Ichaboë	60,1
25,4 — — dans celui de Patagonie.	20,0
16,2 — — celui de la baie de Salhanha.	13,3

Il a trouvé également, dans les mêmes circonstances, sur 1000 parties, les doses suivantes, de phosphates terreux (phosphate de chaux avec traces de phosphate de magnésie) :

| Guano du Pérou (Chinchas). | 241,0 | Guano de Patagonie. | 446,0 |
| — d'Ichaboë | 303,0 | — de Salhanha. | 564,0 |

Les différences énormes que nous venons de signaler dans les guanos d'origine différente, la différence que peut présenter le guano d'une même origine, suivant qu'il est avarié ou dans un bon état de conservation, démontrent

la nécessité impérieuse d'avoir recours à l'analyse, si l'on veut pouvoir compter avec certitude sur une richesse réelle.
« Le mot Guano couvre des marchandises bien différentes, dit avec raison M. de Gasparin, et quelques-unes de ces matières, outre leur qualité inférieure par suite d'une détérioration naturelle et spontanée, sont très suspectes de fabrication. » Si l'emploi du guano comme engrais peut rendre à l'agriculture de grands services, il est indispensable d'ajouter aussi que l'abus peut suivre de près l'usage. Ainsi, employé à la dose de 200 à 300 kilogrammes par hectare dans les défrichements de landes et de terre de bruyère, il a d'abord fait merveille; mais, après quelques années de récoltes de céréales et de colza, la production, surexcitée par cet énergique auxiliaire, a fini bientôt par épuiser la matière organique primitivement accumulée dans le sol, et l'ancienne terre de lande ou de bruyère ne donne plus que de maigres et chétives récoltes. Sur de vieilles terres en culture, l'emploi exclusif du guano pourrait conduire au même résultat.

La prudence exige donc que l'emploi du guano soit alterné avec celui d'engrais plus complet, comme le fumier de ferme ou ses analogues pour ne pas s'exposer à de graves mécomptes dans l'avenir.

Résumons-nous. Il faut se méfier de tous les guanos et ne les acheter que sur analyse. Celui que l'on vante tant aujourd'hui, et que l'on vend sous l'estampille du gouvernement du Pérou, vient de l'île Guanape, ne vaut pas, de bien s'en faut, celui des îles Chinchas, vendu primitivement, aujourd'hui complétement épuisé, de l'aveu même des consignataires. Ce dernier contenait, ainsi qu'on a pu le voir plus haut, 14,33 d'azote et 20 de phosphate.

Le guano Guanape titre tout au plus 8 d'azote et 25 de phosphate, et vaut, par conséquent, un tiers de moins que le Chinchas.

Il est pourtant vendu à 31 fr. 50 à Bordeaux, au Hâvre, alors que, comparativement avec le guano primitif, il ne devrait être vendu que 20 fr. au plus. (Avis aux acheteurs.)

Engrais d'équarrissage.

On a vu au tableau des analyses ce que le sang et les chairs contiennent d'azote, soit à l'état liquide ou frais, soit à l'état sec. Nous n'ajouterons rien à ces renseignements, parce que les prix exorbitants que ces produits sont vendus ne permettent pas d'en faire usage dans des engrais économiques.

Nous ne nous occuperons que de l'engrais obtenu par la décomposition des animaux morts dans la tannée épuisée. Sans être un engrais de premier ordre, il peut, à cause du bas prix qu'on le vend, rendre de grands services à l'agriculture. Si on a soin de ne l'employer que conjointement avec des phosphates, de la potasse et de la chaux, ce produit est un terreau presque fait qui dose de 2 à 3 d'azote par 100 kil. La plus grande partie de cet azote est à l'état d'ammoniaque. Nous en ferons la base de quelques formules; son efficacité nous est connue.

Telles sont à peu près les matières de nature animale qui entrent le plus communément dans la confection des engrais et qui peuvent réaliser une fumure économique.

Sels ammoniacaux. — Nitrates.

Il nous reste à parler des sels ammoniacaux et des nitrates qui sont encore une source d'azote.

Ces deux groupes de substances méritent une place à part dans notre travail, parce qu'elles jouent un rôle important dans l'action des engrais les plus efficaces; elles n'ont qu'un défaut, celui de n'être abordables que des grandes bourses.

Les sels ammoniacaux sont des matières azotées dans lesquelles on considère l'azote comme s'y trouvant à l'état d'ammoniaque. Ceux qui sont susceptibles d'être employés le plus ordinairement comme engrais sont :

1° Le chlorydrate d'ammoniaque ou sel ammoniac (az. 26,2)
2° Le sulfate d'ammoniaque (az. 20,0)
3° Le phosphate d'ammoniaque (az. 11,5)
4° Le carbonate d'ammoniaque (az. 23,8)
5° Le nitrate d'ammoniaque (az. 41,0)

Le chlorydrate d'ammoniaque ne s'emploie qu'à l'état liquide ou mélangé à des matières organiques ou minérales. Son effet est de peu de durée. Son prix de revient est tellement élevé, qu'il absorberait, et bien au delà, le prix de l'excédant de récolte qu'il procure la première année.

Le sulfate d'ammoniaque, le plus usité des sels ammoniacaux, agit sur toutes les récoltes des céréales; mais son action est encore plus efficace sur les prairies naturelles.

Le sulfate d'ammoniaque, ne contenant d'ailleurs que de l'azote et de l'acide sulfurique, produira d'autant plus d'effet, que la terre sera mieux pourvue de phosphates, de potasse et de chaux.

Ce sel, étant le moins cher de tous les sels ammoniacaux, est très fréquemment employé dans la préparation des engrais azotés.

Le phosphate d'ammoniaque et le phosphate ammoniaco-magnésie, préférables au sulfate d'ammoniaque, n'entreront dans le commerce des engrais que lorsque l'industrie pourra les livrer à un prix assez réduit, c'est-à-dire en rapport avec ce dernier.

Nous avons enfin, comme sels azotés, le nitrate de soude et le nitrate de potasse.

Le *nitrate de soude* (az. 16,4) convient d'une manière toute particulière à la prairie, si elle n'est pas trop chargée de matières organiques.

Pour reconnaître l'efficacité du nitrate de soude, M. Vilmorin traça sur une prairie des figures avec cette substance réduite en poudre; ces figures se dessinèrent entre les autres parties du champ par l'énergie de végétation des plantes qu'elles renfermaient.

Les graminées, d'après ce savant agriculteur, parurent avoir mieux profité de cet engrais que les légumineuses.

Le *nitrate de potasse* ou *salpêtre* (az. 13,8) convient à toutes les récoltes et à toutes les terres, celles potassiques exceptées.

Nous avions eu la pensée de donner la composition chimique des sels ammonicaux et des nitrates, mais nous y avons renoncé, ne voulant pas avoir l'air de faire de la science.

Résumons-nous sur le rôle de l'azote.

. L'azote combiné est d'un emploi avantageux pour fertiliser le sol. Toutes les fois que les éléments fixes de la récolte — acide phosphorique, potasse et chaux — seront contenus dans la terre arable, on sera sûr de posséder les matériaux indispensables de la récolte, et l'atmosphère, les combinaisons salines azotées et les substances organiques azotées — cela résulte de l'expérience — agiront tout à la fois en nourrissant le végétal et en facilitant la prompte assimilation des principes minéraux au sol.

La tradition et la logique sont d'accord pour nous démontrer que les débris de la végétation et de la vie sont des aliments pour une végétation nouvelle; aussi le sang, la chair musculaire, les excréments, les détritus végétaux sont-ils recherchés par les agriculteurs qui tirent grand profit de leur emploi.

Phosphore, acide phosphorique, phosphates, superphosphates.

Le phosphore, à l'état de combinaison, joue un rôle important dans la nutrition des végétaux, dont les cendres quelquefois contiennent le cinquième de leur poids de phosphates, forme qu'il prend pour passer dans les plantes. Il se trouve dans les plantes à l'état d'acide phosphorique ou plutôt de phosphate acide.

L'acide phosphorique est pour l'agriculteur d'une nécessité plus fondamentale que l'azote, et il est plus exclusivement que l'azote du ressort de l'industrie humaine. L'épuisement de ce sel est le plus fatal à la végétation qu'un champ puisse éprouver et celui à la réparation duquel la nature a le moins pourvu par le peu d'agents naturels abandonnés à eux-mêmes. Cet épuisement est le danger le plus inévitable des pays cultivés, et l'agriculture est d'autant plus impérieusement obligée d'augmenter, dans une contrée donnée, la quantité totale d'acide phosphorique qui y existe, qu'il lui est impossible d'arrêter la déperdition plus ou moins immédiate de celui qui s'y trouve déjà, car le fumier de ferme est incapable de restituer au sol tout l'acide phosphorique que les récoltes lui enlèvent.

Les phosphates sont répandus dans toutes les terres, ainsi que le constatent les analyses faites dans ces dernières années, et, outre leur dispersion sur toute l'étendue du sol arable, on les trouve en très grandes quantités sous forme de rognons et de nodules. Ces composés, très solubles dans l'eau et dans les acides faibles, se dissolvent bientôt quand ils sont exposés à l'air ou quand ils sont mis en contact avec l'acide carbonique, les sels ammonicaux, les combinaisons salines; que dis-je, non-seulement ils se dissolvent, mais ils les transforment. Des échanges de bases s'effectuent, des réactions multiples et mystérieuses interviennent. Par l'acide sulfurique on fait du *phosphate acide* ou *superphosphate*; par l'acide chlorydrique ou muriatique, on obtient du phosphate précipité. Par la magnésie, le soude, la potasse, le fer, l'ammoniaque, on a le phosphate de magnésie, de soude, de potasse, de fer et d'ammoniac. Mais c'est surtout avec la chaux que le phosphate est associé, et c'est dans cet état qu'il est considéré dans le commerce, soit qu'on le prenne dans les os, soit qu'on le demande aux nodules, aux apatites ou phosphorites, c'est-à-dire aux produits fossiles.

Le phosphate de magnésie est aussi répandu que le phosphate de chaux dans les terres, et cette présence n'a pas lieu d'étonner, lorsqu'on sait que c'est particulièrement lorsqu'il est associé à cette base que l'acide phosphorique est absorbé par les plantes. Mais c'est surtout à l'état de phosphate de chaux que l'acide phosphorique se trouve dans la nature.

Les phosphates de chaux, employés en agriculture, ont

deux origines, nous l'avons dit plus haut : ils viennent ou des os ou du sol.

Le phosphate de chaux des os s'emploie sous des formes très variées. On se sert quelquefois des os à l'état naturel, frais ou secs, dégraissés ou non dégraissés, mais contenant, sous ces divers états, toute leur matière azotée, qui, d'après MM. Payen et Boussingault, s'y rencontre dans les proportions suivantes, variant toutefois avec leur état.

Os gras séchés à l'air contenant 10 p. °/₀ de graisse, azote. 6,215 p. °/₀.
Os dégraissés, humides, des fondeurs. 5,060
Os dégraissés, séchés à l'air. 7,060

Dans les fabriques de gélatine, de colle d'os, les os privés de la matière grasse et de la matière azotée sont livrés à l'agriculture. A cet état ils contiennent au moins 65 à 70 pour 100 de phosphate de chaux, un peu de phosphate de magnésie et du carbonate de chaux.

Les os deviennent de plus en plus rares pour les besoins de l'agriculture ; mais nous ne devons pas nous alarmer de cette rareté, puisqu'il nous reste les gisements des phosphates fossiles.

Le phosphate de chaux fossile n'agit pas différemment de celui des os, et lorsqu'il se trouve dans les mêmes conditions de solubilité, c'est-à-dire en présence de sels ou de matières organiques en assez grande quantité, on retire des avantages marqués de son emploi.

Il convient particulièrement aux terres défrichées de fraîche date lorsqu'elles sont de nature schisto-granitique, schisto-argileuse, argilo-granitique sans calcaire.

Les phosphates sont plus ou moins solubles selon leur degré de richesse ; ainsi les phosphates de 44 à 60 degrés s'assimilent au tiers, tandis que ceux de 70 à 80 ne s'assimilent qu'au cinquième. Pour obvier à cette insolubilité, on a recours à l'acide sulfurique, et, comme nous l'avons dit, on forme du phosphate acide ou du superphosphate.

C'est à cet état que les Anglais ramènent l'apatite non

assimilable de l'Estramadure pour les besoins de l'agriculture et qu'ils en rendent l'emploi aussi avantageux que celui des fossiles assimilables et que celui des os.

De plus, l'emploi du superphosphate est d'indispensabilité rigoureuse dans les sols pauvres en sels et en matières organiques, qui ne pourraient fournir suffisamment des principes nécessaires pour la dissolution du phosphate ordinaire.

Le superphosphate se prépare en mélangeant de l'acide sulfurique concentré avec du phosphate de chaux dans les proportions suivantes :

On mélange trois parties d'os en petits fragments ou en poudre, ou bien trois parties de phosphates fossiles avec une partie d'acide sulfurique et une partie d'eau, et on abandonne le mélange pendant quelque temps en l'agitant de temps à autre.

L'acide sulfurique transforme le phosphate basique des os en phosphate acide, en se combinant avec une partie de la chaux; le sulfate et le phosphate acide de chaux restent mêlés à la substance cartilagineuse de l'os. Cette substance entre facilement en putréfaction, et la matière, qui d'abord était pâteuse, devient pulvérulente. Dans le superphosphate minéral, on obtient plus vite une matière pulvérulente, puisqu'on n'a que du sulfate de chaux sans matière organique. Les os traités par l'acide sulfurique, de la manière que nous venons d'indiquer, constituent un engrais très estimé, connu sous le nom de superphosphate azoté. Il contient 4,50 pour 100 d'azote mêlé à 40 pour 100 de phosphate acide.

Au moyen de l'acide nitrique et de phosphates minéraux, on peut arriver au même résultat, sans matière organique pourtant.

On traite trois parties de phosphates fossiles dosant 60 pour 100 de phosphate de chaux pour une partie d'acide nitrique et une partie d'eau, et on obtient un produit pulvérulent dosant 6 pour 100 d'azote et 40 de phosphate acide.

Les phosphates minéraux se vendent à des prix relativevement très bas. Ceux du Lot, les plus riches connus, valent à Toulouse 15 à 16 centimes le kilogramme, pulvérisés et en sacs. Ceux de Lyon ou des Ardennes se vendent 18 et 19 centimes. L'acide phosphorique coûte, par conséquent, à Toulouse, de 33 à 35 centimes à l'état basique, et, à l'état acide, 76 à 80 centimes.

Le prix de l'acide phosphorique minéral est le même, qu'il soit pris dans les phosphates des Ardennes, dans les phosphates du bassin du Rhône ou dans ceux du Lot. Cependant sa valeur doit dépendre de son degré d'assimilabilité, et c'est pour ce motif que nous donnons le tableau suivant, où le degré d'assimilabilité des divers phosphates est indiqué.

ASSIMILABILITÉ DE L'ACIDE PHOSPHORIQUE DANS LES PHOSPHATES CONNUS

Désignation des phosphates.	Acide phosphorique par 100 kil.	Assimilabilité.
Phosphate des Ardennes riche	23 61	34 26
— — richesse moyenne	18 88	30 40
— de Russie (nodules verts)	14 86	30 27
— du Lot n° 1	16 80	33 93
— — 2	20 70	30 90
— — 3	34 50	24 60
— — 4	31 80	21 24
— — 5	35 60	19 88
— — 6	21 60	15 62
— de l'Ain	16 51	26 52
— de la vallée du Rhône	23 »	25 56
— de Nassau	31 74	22 40
Coprotithe de Cambridge	23 80	21 84
Phophate de Navassa	30 62	16 17
— du Nivernais	22 20	14 19
Apatite d'Espagne	31 14	13 16
— du Canada	32 01	Traces

Pour que le tableau ci-dessus ait quelque utilité, nous devons dire que le noir animal ou de raffinerie donne son phosphate à 43,70 % d'assimilabilité. Ainsi il dose 26,50 d'acide phosphorique, dont 11,32 sont assimilables. Le noir se vend 13 fr. 25.

Si on veut connaître le prix d'un des phosphates portés au tableau, on n'a qu'à multiplier le degré d'assimilabilité de l'acide phosphorique par 0 fr. 50, prix de l'acide phosphorique dans le noir, et à diviser le produit par 43,70.

Ainsi, pour le n° 1 du Lot, vous multipliez 33,03 par 0 fr. 50, et l'on aura 0,388, que l'on multipliera par la quantité d'acide phosphorique qu'il renferme, et son prix ressortira à 6 fr. 51. Ainsi des autres.

Connaissant le degré d'assimilabilité des phosphates, quelle est leur valeur agricole? C'est ce que nous dit le tableau suivant :

VALEUR AGRICOLE DES PHOSPHATES MINÉRAUX.

	Acide phosphorique.	Valeur de l'acide phosphorique.	Valeur des phosphates.
Noir de raffinerie	26 50	» 50	13 25
Phosphate des Ardennes riche.	23 61	» 39	9 20
— richesse moyenne.	18 88	» 35	6 60
— du Lot n° 1 . . .	16 80	» 39	6 55
— — 2 . . .	20 70	» 35	7 25
— — 3 . . .	34 50	» 28	9 66
— — 4 . . .	31 80	» 24	7 63
— — 5 . . .	35 60	» 23	8 19
— — 6 . . .	21 60	» 18	3 88
— de l'Ain . . .	16 51	» 30	4 95
— de la vallée du Rhône	23 »	» 29	4 67
— de Nassau. . . .	31 74	» 26	8 25
Coprolithe de Cambridge . .	23 80	» 25	5 95
Phosphate de Navassa . . .	30 62	» 17	5 20
— du Nivernais. . .	22 20	» 16	3 55
Apatite de Cacérès (Espagne) .	31 14	» 15	4 67
— du Canada	32 01	» »	» »

Complétons nos renseignements sur les phosphates en donnant la transformation des phosphates en acide phosphorique et la décomposition de l'acide phosphorique en phosphates et la composition chimique des phosphates les plus usités :

ACIDE PHOSPHORIQUE	PHOSPHATES	PHOSPHATES	ACIDE PHOSPHORIQUE	PHOSPHATES	ACIDE PHOSPHORIQUE
1	2.18	1	0.458	46	21.068
2	4.35	2	0.916	47	21.526
3	6.54	3	1.374	48	21.984
4	8.70	4	1.832	49	22.442
5	10.90	5	2.290	50	22.900
6	13.08	6	2.748	51	23.358
7	15.26	7	3.206	52	23.816
8	17.44	8	3.664	53	24.274
9	19.60	9	4.122	54	24.728
10	21.80	10	4.580	55	25.186
11	23.98	11	5.038	56	25.644
12	26.16	12	5.496	57	26.102
13	28.34	13	5.954	58	26.560
14	30.52	14	6.412	59	27.018
15	32.80	15	6.870	60	27.476
16	34.98	16	7.328	61	27.934
17	37.16	17	7.786	62	28.392
18	39.34	18	8.244	63	28.850
19	41.52	19	8.702	64	29.308
20	43.70	20	9.160	65	29.766
21	45.88	21	9.618	66	30.234
22	48.06	22	10.076	67	30.682
23	50.24	23	10.534	68	31.140
24	52.42	24	10.992	69	31.598
25	54.50	25	11.450	70	32.056
26	56.68	26	11.908	71	32.514
27	58.86	27	12.366	72	32.972
28	61.04	28	12.824	73	33.430
29	63.22	29	13.282	74	33.888
30	65.40	30	13.740	75	34.346
31	67.58	31	14.198	76	34.804
32	69.76	32	14.656	77	35.262
33	71.94	33	15.124	78	35.720
34	74.12	34	15.582	79	36.178
35	76.30	35	16.040	80	36.636
36	78.48	36	16.498	81	37.094
37	80.66	37	16.956	82	37.552
38	82.84	38	17.414	83	38.010
39	85.02	39	17.872	84	38.468
40	87.20	40	18.330	85	38.926
41	89.38	41	18.788	86	39.384
42	91.56	42	19.246	87	39.842
43	93.74	43	19.694	78	40.300
44	95.92	44	20.152	89	40.758
45	98.10	45	20.610	90	41.216

Terminons nos renseignements sur les phosphates en donnant les combinaisons que, d'après la chimie, l'acide phosphorique et la chaux peuvent prendre.

Phosphate basique ou tricalcique.

Composition atomique.   Composition par 100 kil.

Ph	31	} Acide phosphorique.	45 80
O^5	40		
CaO^3	84	Chaux	54 20
	155		100 00

Phosphate neutre ou bi-calcique.

Composition atomique.			Composition par 100 kil.	
Ph	31	Acide phosphorique.	41	27
O^5	40			
$2CaO$	56	Chaux	32	55
$4HO$	36	Eau	26	18
	163		100	00

Phosphate acide ou mono-calcique ou mono-basique.

Ph	31	Acide phosphorique.	52	59
O^5	40			
CaO	28	Chaux	20	74
$4HO$	36	Eau	26	67
	135		100	00

Potasse.

La potasse existe dans toutes les plantes, et la plupart des récoltes en font une consommation considérable.

Les sels contenant la potasse, et qu'il est facile de se procurer en grande quantité, sont :

      1° Le Carbonate;
      2° Le Nitrate;
      3° Le Sulfate;
      4° Le Chlorure;
      5° Le Sel alcalin brut.

Le carbonate est de tous le plus facile à décomposer. Il contient, à l'état pur, 68,16 de potasse, mais on ne le trouve dans le commerce qu'en mélange avec les sels qui l'accompagnent toujours dans les produits d'où il est extrait. Ces mélanges sont plus ou moins riches en potasse, suivant leur origine et suivant le traitement industriel qu'ils ont subi. D'ailleurs le corbonate de potasse ne peut être mêlé au sulfate d'ammoniaque qu'il décompose, ni au superphosphate qu'il rend insoluble. Pour ces motifs et pour cause de cherté, il ne peut être employé que d'une manière tout à fait accidentelle, c'est-à-dire quand on n'a ni nitrate, ni sulfate, ni chlorure.

Ce que nous venons de dire de la potasse épurée ou carbonate de potasse en ce qui concerne les variations de richesse s'applique de plus fort au salin de betterave ou à la potasse brute. En effet, ce produit, obtenu par la calcination des résidus de mélasse, ne contient guère que 36 à 40 de potasse au plus, tandis qu'il peut descendre de 11 à 15. Il n'offre donc pas de sécurité, et, comme le premier, il ne peut entrer en ligne de compte avec les matières fertilisantes que doit rechercher l'agriculture.

Le nitrate de potasse, au contraire, tout cher qu'il est, offre par sa double composition un avantage réel toutes les fois que l'on aura à fournir de l'azote et de la potasse. Sa composition, par 100 kil., ainsi que nous l'avons vu plus haut, est de 13 d'azote et 44 de potasse. On peut l'employer seul sur un terrain calcaire, mais hors de là il faut toujours l'associer à de la matière organique et aux phosphates.

Le sulfate de potasse que l'on trouve le plus couramment dans le commerce contient 80 de sulfate de potasse et 20 pour 100 d'eau, tandis qu'à l'état pur il renferme 54,07 et acide sulfurique 45,93.

Les 80 pour 100 de sulfate de potasse correspondent à 44 de potasse. Toute transaction de ce produit doit être accompagnée d'une analyse obtenue en dosant directement la potasse et l'acide sulfurique. En procédant autrement, on s'exposerait à de graves mécomptes, car dans le sulfate de potasse il peut y avoir de 5 à 30 pour 100 de matières étrangères.

Comme guide dans l'appréciation des produits offerts, on peut consulter le tableau suivant, où nous réunissons les richesses en potasse en regard des degrés qui se rencontrent le plus fréquemment :

DEGRÉS. Sulfate pur par 100 kil.	Richesse correspondante en potasse.
50	27 00
55	29 70
60	32 45
65	35 10
70	37 80
75	40 50
76	41 00
77	41 64
78	42 18
79	42 72
80	43 26
81	43 80
82	44 34
83	44 88
84	45 42
85	45 96
86	46 50
87	47 04
88	47 58
89	48 12
90	48 66
91	49 20
92	49 74
93	50 28
94	50 82
95	51 36

C'est-à-dire que un kilogramme de potasse a pour équivalent 1,85 de sulfate de potasse, et réciproquement il faut 1,85 de sulfate de potasse pour avoir un kilogramme de potasse effective.

Il est donc indispensable toutes les fois que l'on achète du sulfate de potasse d'en faire préciser la richesse et de ramener le prix au type normal de 80 degrés, soit 80 pour 100 de sulfate pur.

Le chlorure de potassium ou muriate de potasse provient soit des mines de Stassfurt, soit des marais salants, soit enfin du traitement des cendres. Tout aussi impur que le sulfate de potasse, il est cependant plus riche que lui. Il est livré ordinairement dans le commerce à 80 pour 100 de pureté, qui représentent 50 de potasse. Voici d'ailleurs le tableau de correspondance entre les degrés constatés à l'analyse et les richesses correspondantes en potasse.

DEGRÉS. Chlorure de potassium par 100 kil.	Richesse en potasse. Potasse par 100 kil.
50	31 57
55	34 80
60	38 00
65	41 10
70	44 25
75	47 50
76	48 13
77	48 76
78	49 39
79	50 02
80	50 65
81	51 28
82	51 91
83	52 54
84	53 17
85	53 80
86	54 33
87	54 96
88	55 59
89	56 22
90	56 85
91	52 48
92	58 11
93	58 74
94	59 37
95	60 00

Sels alcalins.

Les sels alcalins, ou engrais alcalin brut, ou sel d'été, ou engrais de mer, proviennent des eaux de la mer et sont obtenus par l'évaporation poussée à 38 degrés. Ils contiennent :

Sulfate de potasse............ 258 ⎫
— de magnésie......... 124 ⎪
Chlorure de magnésie...... 134 ⎬ pour 1000.
— de sodium......... 185 ⎪
Eau................................ 299 ⎭

Titre en potasse : 14,44.

Les mines de Stassfurt fournissent un produit similaire résultant de la fabrication du chlorure de potassium et du sulfate de magnésie, dont voici la composition :

Sulfate de potasse......	15 à 30	
— de magnésie...	25 à 30	pour 100.
Chlorure de sodium...	40 à 50	
Eau........................	10	

Ou bien :

Sulfate de potasse......	15 à 20	
— de magnésie...	14 à 15	
Chlorure de magnésie.	10 à 15	pour 100.
Eau........................	24	
Argile, oxyde de fer, sable	26	

La moyenne est par conséquent :

Sulfate de potasse......	15 à 25	
— de magnésie...	19 à 22	
Chlorure de magnésie.	12 à 13	
— de sodium...	25	pour 100.
Gypse...................	12	
Argile, oxyde, sable...	13	
Eau.....................	5	

Mais ce produit, à cause du prix de transport, ne peut être employé que dans le Nord où il joue un grand rôle pour compléter les fumiers. Nous n'avons eu d'autre but en parlant de ce produit que de montrer l'utilité que nous pouvons retirer des sels alcalins du Midi.

Ces sels nous servent depuis plus de dix ans ; ils désagrègent les phosphates fossiles et, mêlés à des matières organiques, ils produisent du phosphate ammoniaco-magnésien et du nitrate de potasse. Les éléments minéraux qu'ils contiennent sont d'une bonne assimilabilité.

Il y a encore l'engrais alcalin sulfatisé composé comme suit :

Sulfate de potasse............	323	
— de soude...............	282	
— de magnésie.........	366	pour 1000.
Eau, sel marin échappé à la décomposition et matières insolubles...........	29	

Mais ce sel vendu 15 fr. à Berre coûte, rendu à Toulouse, 17 fr. Son cours de vente est de 20 fr. les 100 kil. Il contient 17 de potasse.

Dans les sels alcalins vendus 12 fr. à Toulouse, la potasse coûte 84 c. le kilogramme, et dans les sulfates alcalins 1 fr. 17.

Nous donnons la préférence à l'alcalin brut pour les motifs énoncés plus haut.

Chaux.

Les deux plus grands composants du sol sont la silice et l'argile. Unis à un peu d'humus, ils remplissent les conditions les plus nécessaires à la plus grande partie des végétaux ; mais avec eux la végétation est souvent languissante, et des familles de végétaux, même des plus utiles à l'homme, peuvent à peine y vivre, si on n'introduit pas dans le sol un principe actif qui le modifie : ce principe est la *chaux* et ses composés naturels. C'est l'un des cinq éléments indispensables au sol qui doit lui être fourni.

Les effets de la chaux se prononcent dans les sols qui manquent de ce principe calcaire à peu près avec la même énergie à quelque dose qu'on l'introduise et alors même qu'elle ne forme pas la millième partie de la couche arable : le sol paraît changer de nature, les caractères intérieurs se modifient et les engrais semblent y doubler de puissance. Mais ce principe toujours en action sur l'atmosphère, sur l'humus, sur le sol, sur les parties terreuses qui le constituent et sur les végétaux produits, passant en assez grande proportion dans la charpente des plantes, se consomme comme engrais dans les récoltes successives, sa restitution est par conséquent indispensable. Aussi, toutes les fois que le sol ne sera pas de nature calcaire, il sera bon d'apporter de la chaux.

La chaux grasse, le plâtre, la marne sont les substances aptes à cette restitution.

La chaux ameublit les terres, et, mêlée aux matières végétales, elle en active la décomposition. Il ne faut pas l'appliquer avec des matières ammoniacales, parce qu'elle en chasserait l'azote. Le sulfate de chaux ou plâtre, au contraire, peut être introduit avec toute sécurité ; car, par son acide sulfurique, il empêchera toute déperdition d'ammoniaque.

La marne n'est que du ressort de l'agriculture, et si nous en parlons, c'est pour dire qu'il faut fumer fortement les terres marnées.

Nous venons de passer en revue les diverses substances qui peuvent servir à la fertilisation des sols. Il nous reste à parler du fumier. C'est à dessein que nous l'avons relégué au dernier plan, quand il devait être traité le premier ; mais comme nous le prenons pour type de toute préparation d'engrais, il nous a semblé préférable de ne pas le confondre avec des matières simples ou moins complexes que lui, et de le considérer comme un produit tout à fait à part.

Fumier de ferme.

Le fumier de ferme, par sa complexité, doit être considéré comme la matière fertilisante par excellence de l'agriculture, l'engrais-type. Aussi les chimistes l'ont-ils choisi, d'un accord général, comme unité de comparaison de tous les engrais, *le fumier normal*, c'est-à-dire le fumier à demi-fermenté et tel qu'il provient du mélange intime des divers fumiers d'écurie, de vacherie, de bergerie, etc.

Le fumier doit sa réputation à plusieurs causes : d'abord il peut être généralement obtenu à un prix de revient qui est dans un rapport convenable avec le prix des récoltes. C'est que, de plus, par sa composition, par la faculté de transformation de ses éléments, par l'action physique et chimique exercée sur le sol, il répond aux besoins les plus généraux, les plus essentiels de l'alimentation végétale.

Il faut en faire le fond principal des fumures, car c'est par lui surtout qu'on peut augmenter économiquement la masse de l'*humus* du sol. C'est dans toute la force du terme un *engrais-amendement*, ou, en d'autres termes, une substance qui agit à la fois et comme matière alimentaire des plantes et comme modifiant les propriétés physiques des terrains agricoles. Mais en si haute opinion qu'on tienne le fumier, ce n'est pas à prétendre qu'il soit constamment en mesure de répondre économiquement à tous les besoins des récoltes ; il y a des situations spéciales où les sols et les fumiers manquent de certains éléments utiles, et ces éléments on les trouve perfois à un prix convenable dans les engrais du commerce.

Les résultats de l'analyse chimique établissent clairement que le fumier est un engrais qui, dérivé lui-même des plantes agricoles, renferme, à raison de cette origine, les principales substances qui concourent à l'alimentation souterraine de ces plantes.

Le fumier à l'état frais se compose :

Eau	75
Matières animales et végétales solubles.	} 5
Sels solubles.	
Matières animales et végétales non solubles.	} 20
Sels insolubles.	

Il renferme en cet état :

Azote	0 407
Acide phosphorique	0 187
Potasse	0 375
Chaux	0 800

Ou à l'état sec :

Azote	2 20
Acide phosphorique	0 88
Potasse	2 46
Chaux	5 23

D'après M. Boussingault, ces 100 parties de fumier frais correspondent à 32,2 de fumier sec qui donnent 6,70 de cendres ayant la composition suivante calculée sur 100 kil. de cendres :

Acides	carbonique	2
	phosphorique	3
	sulfurique	1 90
Potasse		7 80
Magnésie		3 60
Chlore		0 60
Oxyde de fer		6 10
Silice, sable, argile, etc.		66 40
Chaux		8 60

Il ressort de ces analyses que le fumier de ferme ordinaire est un composé de différentes matières organiques végétales et animales plus ou moins humides, agissant comme engrais, dont les unes sont solubles dans l'eau et les autres insolubles dans l'eau; et de divers sels agissant comme stimulants, également solubles dans l'eau et insolubles dans l'eau.

Voici une autre analyse qui nous fera connaître le fumier d'une manière plus complète, toujours pour un poids de 100 kil. à l'état frais :

Humidité.	72 20
Sel ammoniac ou carbonate d'ammoniaque proprement dit (quantité variable indéterminée)	»
Sel double de potasse et d'ammoniaque résultant de l'union de ces substances ou partie soluble du terreau formé par la paille	1 15
Matière grasse, cireuse, unie à la potasse et à l'ammoniaque	0 08
Carbonate de potasse	0 06
Autre sel de potasse	0 21
Pailles converties en terreau (humus proprement dit)	12 40
Matière tourbeuse très divisée	3 63
Carbonate de chaux ou craie proprement dite	3 30
Phosphate de chaux (l'une des parties constituantes des os)	0 45
Sable quartzeux, gravier	3
Matière terreuse indéterminée	3 52
Sulfate et phosphate de potasse (traces)	»

En résumé, il y a là :

1° De l'humus provenant de la décomposition des pailles, fourrages et litières, d'autant plus apte à se dissoudre dans l'eau que sa décomposition est plus avancée;

2° Quelques matières animales dont la décomposition facilitera la dissolution dans l'eau ;

3° Différents sels d'ammoniaque et de potasse solubles ;

4° Du carbonate de chaux ou craie ;

5° Du phosphate de chaux ;

6° Du sable ou silice proprement dite ;

7° Du sulfate et du phosphate de potasse solubles ;

8° Enfin quelques matières terreuses.

En ramenant le fumier à sa composition immédiate :

humus, matières animales, sels divers, l'humus qui n'est autre chose que du bois pourri, rendu soluble dans l'eau, servant à reconstruire la fibre ligneuse des végétaux, c'est-à-dire la charpente ou bois proprement dit; les matières animales, urines et excréments des animaux dont l'importance et la valeur agricole résident dans l'azote qu'elles renferment. Nous savons ce que sont que les sels.

Si nous avons insisté sur la composition du fumier de ferme, c'est pour bien déterminer tous les matériaux dont le fabricant d'engrais peut et doit s'entourer pour atteindre la composition chimique se rapprochant le plus de ce que nous venons de voir, et aussi pour montrer que les quatorze éléments constitutifs des plantes se reproduisent dans le fumier comme dans tous les excréments.

Dans les pages qui précèdent, nous avons appris à connaître la constitution des végétaux, la composition du sol, et nous avons passé en revue les substances appelées à fournir un ou plusieurs éléments utiles dans la formation de l'engrais. Nous avons dit de plus que pour être rationnel et pour répondre à tous les besoins de la plante, cet engrais devait autant que possible reproduire le fumier de ferme dans tous ses éléments. Nous avons insisté sur la présence de l'humus, parce que nous le considérons comme indispensable. De plus, l'engrais doit être complet par rapport à la plante que l'on veut produire et aussi par rapport au sol dans lequel elle doit se développer; il doit être doué des facultés d'assimilation qui lui permettent de suffire à toutes les exigences du développement complet de la récolte.

Loin d'être partisan absolu des engrais chimiques, nous ne les acceptons que pour compléter le fumier de ferme ou pour former avec d'autres substances de nature organique ou minérale l'équivalent du produit de la ferme.

Ceci dit, il nous reste à déterminer la dose d'engrais pour les fumures.

Dose des fumures.

Il y a pour la dose d'engrais des limites qu'on ne peut enfreindre impunément : en donner plus, c'est du gaspillage, si toutefois il n'en résulte pas des inconvénients plus fâcheux, opposés au but qu'on se propose ; en donner moins, c'est perdre de propos délibéré le bénéfice à cause de la faiblesse du rendement.

Il faut donc tendre à une récolte abondante obtenue avec économie.

C'est pourquoi il est prudent de ne pas s'écarter, si on ne les accepte d'une manière absolue, des doses et proportions suivantes, basées en général sur les formules de M. G. Ville, appliquées à deux récoltes.

M. G. Ville prescrit 1,200 kil. d'engrais complet pour le blé, le chanvre et le colza (deux récoltes) ; nous prenons la moitié de la dose qui correspond à un rendement moyen de 25 à 30 hectolitres.

Nous nous écarterons un peu pour certaines récoltes de la stricte observation de la demi-formule, parce que l'engrais ne nous semble pas assez diffus.

Nous indiquons en tête de chaque formule la distinction qui lui est réservée et la richesse qu'elle contient en azote, acide phosphorique et potasse.

Nous donnerons pour chaque engrais différent la formule chimique avec le nitrate de potasse et la formule chimique avec le chlorure de potassium qui seront suivies de deux autres formules organiques-chimiques, l'une à base de poudrette et l'autre à base de tourbe. Cette dernière devra être absolument enfouie ; les autres s'emploieront indistinctement soit en couverture, soit avec la semence.

Nous recommandons à MM. les agriculteurs les formules organiques-chimiques qui, tout en réalisant une économie sérieuse, leur donneront les meilleurs résultats.

A. — ENGRAIS COMPLET POUR BLÉ, CHANVRE, COLZA

(Az. 40, acide phosph. 30, potasse 40)

Formule chimique n° 1.

Prix approximatif.

Superphosphate de chaux.	200
Nitrate de potasse	90
Sulfate d'ammoniaque	140
Sulfate de chaux	170
	600 166 fr.

Formule chimique n° 2.

Superphosphate de chaux.	200
Chlorure de potassium.	80
Sulfate d'ammoniaque.	200
Sulfate de chaux.	120
	600 156 fr.

Formule organique-chimique n° 1.

Superphosphate de chaux.	140
Chlorure de potassium.	70
Sulfate d'ammoniaque.	160
Poudrette	430
	800 160 fr.

Formule organique-chimique n° 2.

Superphosphate de chaux.	120
Phosphates fossiles.	60
Sels alcalins.	50
Chlorure de potassium.	50
Sulfate d'ammoniaque.	110
Nitrate de soude.	70
Tourbe.	340
	800 144 fr.

L'engrais pour orge, avoine, seigle et prairie naturelle est le même que pour le blé. Nous n'en donnons pas moins les formules pour en fixer les quantités en rapport avec les besoins de ces récoltes.

B. — ENGRAIS COMPLET POUR ORGE, SEIGLE, AVOINE

(Az. 33, acide phosph. 25, potasse 3)

Formule chimique n° 1.

Prix approximatif.

Superphosphate de chaux	165
Nitrate de potasse	75
Sulfate d'ammoniaque	115
Sulfate de chaux	145
	500 140 fr.

Formule chimique n° 2.

Superphosphate de chaux	165
Chlorure de potassium	66
Sulfate d'ammoniaque	165
Sulfate de chaux	104
	500 130 fr.

Formule organique-chimique n° 1.

Superphosphate de chaux	130
Chlorure de potassium	60
Sulfate d'ammoniaque	140
Poudrette	320
	650 136 fr.

Formule organique-chimique n° 2.

Superphosphate de chaux	100
Phosphates fossiles	50
Sels alcalins	50
Chlorure de potassium	40
Nitrate de soude	80
Sulfate d'ammoniaque	80
Tourbe	250
	650 125 fr.

La prairie naturelle s'accommodera très bien d'un engrais moins riche que le précédent. Voici sa formule réduite :

C. — ENGRAIS COMPLET POUR PRAIRIES NATURELLES

(Az. 20, acide phosph. 25, potasse 26 et soude)

Formule chimique n° 1.

		Prix approximatif.
Superphosphate de chaux.	165	
Nitrate de potasse . . .	60	
Nitrate de soude. . . .	75	
Sulfate de chaux. . . .	200	
	500	110 fr.

Formule chimique n° 2.

Superphosphate de chaux.	165	
Chlorure de potassium . .	50	
Nitrate de soude. . . .	100	
Sulfate d'ammoniaque. .	20	
Sulfate de chaux . . .	165	
	500	100 fr.

Formule organique-chimique n° 1.

Superphosphate de chaux.	100	
Chlorure de potassium. .	35	
Nitrate de soude	30	
Sulfate d'ammoniaque . .	20	
Poudrette	615	
	800	100 fr.

Formule organique-chimique n° 2.

Superphosphate de chaux.	100	
Phosphates fossiles . . .	50	
Sels alcalins	50	
Chlorure de potassium . .	35	
Nitrate de soude . . .	30	
Sulfate d'ammoniaque . .	25	
Tourbe	510	
	800	90 fr.

L'engrais pour la betterave doit être plus azoté que celui du blé et même un peu plus potassé.

D. — ENGRAIS-COMPLET POUR BETTERAVES
(Az. 45, acide phosph. 30, potasse 45)

Formule chimique n° 1.

Prix approximatif.

Superphosphate de chaux	200
Nitrate de potasse	100
Nitrate de soude	200
Sulfate de chaux	300
	800 195 fr.

Formule chimique n° 2.

Superphosphate de chaux	200
Chlorure de potassium	90
Nitrate de soude	155
Sulfate d'ammoniaque	100
Sulfate de chaux	255
	800 180 fr.

Formule organique-chimique n° 1.

Superphosphate de chaux	125
Chlorure de potassium	75
Nitrate de soude	90
Sulfate d'ammoniaque	100
Poudrette	610
	1000 180 fr.

Formule organique-chimique n° 2.

Superphosphate de chaux	100
Phosphates fossiles	50
Sels alcalins	50
Chlorure de potassium	75
Nitrate de soude	100
Sulfate d'ammoniaque	100
Tourbe	525
	1000 160 fr.

E. — ENGRAIS COMPLET POUR POMMES DE TERRE, LIN, TABAC
(Az. 20, acide phosph. 30, potasse 65)

Formule chimique n° 1.

Superphosphate de chaux	200
Nitrate de potasse	150
Sulfate de chaux	250
	600 120 fr.

Formule chimique n° 2.

                                  Prix approximatif.

Superphosphate de chaux.	200
Salin de betterave	175
Nitrate de soude	125
Sulfate de chaux	100
	600 140 fr.

Formule organique-chimique n° 1.

Superphosphate de chaux	100
Salin de betteraves	200
Nitrate de soude	25
Sulfate d'ammoniaque	25
Poudrette	650
	1000 145 fr.

Formule organique-chimique n° 2.

Superphosphate de chaux	150
Phosphates fossiles	50
Sels alcalins	100
Salin de betteraves	160
Nitrate de soude	30
Sulfate d'ammoniaque	30
Tourbe	480
	1000 130 fr.

Quelle que soit la formule organique-chimique que l'on adopte, le rendement sera plus grand qu'avec l'une des deux autres.

F. — ENGRAIS COMPLET POUR VIGNE

(Az. 30, acide phosph., 45 potasse 100)

Formule chimique n° 1.

Superphosphate de chaux	300
Nitrate de potasse	225
Sulfate de chaux	475
	1000 200 fr.

Formule chimique n° 2.

Prix approximatif.

Superphosphate de chaux.	300
Chlorure de potassium.	200
Sulfate d'ammoniaque.	150
Sulfate de chaux.	350
	1000 185 fr.

Formule organique-chimique n° 1.

Superphosphate de chaux.	200
Chlorure de potassium.	150
Nitrate de soude.	50
Sulfate d'ammoniaque.	50
Poudrette.	750
	1200 176 fr.

Formule organique-chimique n° 2.

Superphosphate de chaux.	150
Phosphates fossiles.	100
Sels alcalins.	100
Chlorure de potassium.	170
Nitrate de soude.	50
Sulfate d'ammoniaque.	50
Tourbe.	580
	1200 160 fr.

G. — ENGRAIS COMPLET POUR MAÏS, NAVETS, TURNEPS, TOPINAMBOURS

(Az. 15, acide phosph. 45, potasse 40)

Formule chimique n° 1.

Superphosphate de chaux.	300
Nitrate de potasse.	90
Nitrate de soude.	40
Sulfate de chaux.	370
	800 130 fr.

Formule chimique n° 2.

Superphosphate de chaux.	300
Chlorure de potassium.	80
Nitrate de soude.	50
Sulfate d'ammoniaque.	50
Sulfate de chaux.	320
	800 120 fr.

Formule organique-chimique n° 1.

Prix approximatif.

Superphosphate de chaux.	200
Chlorure de potassium . .	60
Nitrate de soude. . . .	25
Sulfate d'ammoniaque . .	20
Poudrette	695
	1000 125 fr.

Formule organique-chimique n° 2.

Superphosphate de chaux .	150
Phosphates fossiles . . .	100
Sels alcalins	100
Chlorure de potassium . .	50
Nitrate de soude	30
Sulfate d'ammoniaque . .	20
Tourbe	550
	1000 100 fr.

H. — ENGRAIS COMPLET POUR SAINFOIN, TRÈFLE, LUZERNE

(Az. 15, acide phosph. 30, potasse 45)

Formule chimique n° 1.

Superphosphate de chaux.	200
Nitrate de potasse . . .	100
Nitrate de soude. . . .	20
Sulfate de chaux. . . .	280
	600 110 fr.

Formule chimique n° 2.

Superphosphate de chaux.	200
Chlorure de potassium . .	80
Nitrate de soude	115
Sulfate de chaux	205
	600 107 fr.

Formule organique-chimique n° 4.

Superphosphate de chaux .	150
Chlorure de potassium . .	70
Nitrate de soude. . . .	25
Sulfate d'ammoniaque . .	25
Poudrette	530
	800 106 fr.

Formule organique-chimique n° 2.

                                            Prix approximatif.

Superphosphate de chaux.	100
Phosphates fossiles . . .	75
Sels alcalins	100
Chlorure de potassium . .	50
Nitrate de soude . . .	40
Sulfate d'ammoniaque . .	25
Tourbe	410
	800 92 fr.

Engrais incomplets.

I. — ENGRAIS SANS POTASSE POUR CÉRÉALES, CHANVRE, COLZA, *à la rigueur* POUR BETTERAVES ET PRAIRIES NATURELLES

Formule chimique.

Superphosphate de chaux.	200
Sulfate d'ammoniaque . .	200
Sulfate de chaux. . . .	200
	600 135 fr.

Formule organique-chimique.

Superphosphate de chaux.	125
Sulfate d'ammoniaque . .	155
Poudrette	520
	800 135 fr.

On emploie la dose entière pour blé, chanvre, colza et betterave. Pour l'orge, le seigle et l'avoine, on réduit la formule chimique à 500 kil. et la formule organique-chimique à 600 kil. La prairie naturelle exige 400 kil. de la première et 500 de la seconde.

J. — ENGRAIS SANS POTASSE POUR POMMES DE TERRE, LIN, TABAC, SAINFOIN, TRÈFLE, LUZERNE

Formule chimique.

Prix approximatif.

Superphosphate de chaux.	200
Nitrate de soude. . . .	125
Sulfate de chaux. . . .	275
	600 95 fr.

Formule organique-chimique.

Superphosphate de chaux.	125
Nitrate de soude	70
Poudrette	505
	700 95 fr.

Si l'engrais était destiné à la vigne, on devrait porter la dose à 1,000 kil.

K. — ENGRAIS SANS POTASSE POUR MAÏS, NAVETS, TURNEPS, ETC., ETC.

Formule chimique.

Superphosphate de chaux.	300
Sulfate d'ammoniaque. .	75
Sulfate de chaux. . . .	225
	600 86 fr.

Formule organique-chimique.

Superphosphate de chaux.	225
Sulfate d'ammoniaque. .	35
Poudrette	440
	700 86 fr.

Sur défrichement ou dans les terres pourvues de détritus organiques, d'humus enfin, comme pour les légumineuses, le sainfoin, le trèfle et la luzerne, on peut se contenter de l'engrais minéral pur à la dose suivante :

L. — ENGRAIS SANS AZOTE.

Formule chimique.

                                          Prix approximatif.

Superphosphate de chaux.	250	
Chlorure de potassium. .	100	
Sulfate de chaux. . .	250	
	600	70 fr.

Formule minérale-chimique.

Superphosphate de chaux.	150	
Phosphates fossiles . . .	75	
Sels alcalins	100	
Chlorure de potassium . .	76	
Sulfate de chaux. . .	199	
	600	70 fr.

Ces deux formules peuvent suffire à toutes les récoltes, au moins pour une seule fois.

Voici enfin, pour compléter la série des engrais incomplets, quatre formules dans lesquelles le phosphate fait entièrement défaut et destinées aux terres qui en sont pourvues.

M. — ENGRAIS SANS PHOSPHATES

Formule n° 1.

Nitrate de potasse . . .	100	
Sulfate d'ammoniaque . .	135	
Sulfate de chaux. . .	365	
	600	145 fr.

Formule n° 2.

Chlorure de potassium . .	90	
Sulfate d'ammoniaque . .	200	
Sulfate de chaux. . .	310	
	600	135 fr.

Formule n° 3.

Nitrate de potasse . . .	150	
Sulfate de chaux . . .	250	
	400	105 fr.

Formule n° 4.

Prix approximatif.

Chlorure de potassium	175
Sulfate d'ammoniaque	80
Sulfate de chaux	245
	500 95 fr.

Emploi. — La formule n° 1 à la betterave. Les formules 1 et 2 aux céréales, au chanvre, au colza, à la prairie naturelle, en les réduisant suivant les exigences de chaque récolte ; le n° 3 à la pomme de terre et au tabac ; le n° 4 à toutes les autres récoltes.

Nous n'avons pas la prétention d'avoir établi des formules absolues ; chacun les modifiera selon ses besoins ; mais nous croyons fermement que la plupart du temps elles seront plus que satisfaisantes.

Nous avons dit que le fumier de ferme devait, pour sa composition complexe, être pris pour type. Voici une formule que nous avons fait expérimenter et qui a donné de très bons résultats :

Superphosphate de chaux	60
Phosphates fossiles	60
Sels alcalins	60
Chlorure de potassium	50
Nitrate de potasse	50
— de soude	100
Sulfate d'ammoniaque	150
Tourbe	735
Poudrette	735
	2000 280 fr.

Employé à la dose de 1,000 à 1,200 kil. à l'hectare pour le blé, le chanvre, le colza, la betterave, il ne peut pas ne pas donner de bons résultats. Pour l'orge, le seigle et l'avoine, on se contentera de 800 à 1,000 kil. A l'établissement d'une prairie naturelle, 800 kil. sont nécessaires.

Pour sainfoin, trèfle, luzerne et légumineuses, au moment de la semence, on modifiera cet engrais comme suit :

		Prix approximatif
Superphosphate de chaux.	100	
Phosphates fossiles . . .	150	
Sels alcalins	150	
Chlorure de potassium . .	100	
Nitrate de soude . . .	50	
Sulfate d'ammoniaque . .	50	
Tourbe	700	
Cendres et plâtre. . . .	700	
	2000	200 fr.

Pour deux hectares.

Pour 6000 souches de vigne, l'engrais se composerait de :

Superphosphates. . . .	100	
Phosphates fossiles . . .	100	
Sels alcalins	100	
Chlorure de potassium . .	150	
Nitrate de soude . . .	50	
Sulfate d'ammoniaque . .	50	
Tourbe	1200	
Cendres et plâtre. . . .	250	
	2000	180 fr.

Soit trois centimes par souche. — L'effet se fait sentir la première année. — Cette fumure peut durer trois ans.

Dans certaines contrées et pour quelques agriculteurs, il n'y a de bons engrais que le guano et le phospho-guano. C'est surtout dans les terres riches en potasse que le premier trouve son emploi, tandis que le second produit de grands effets dans les terrains pourvus d'humus et d'alcali destinés à une récolte de maïs.

Le guano sera remplacé avec avantage par :

Superphosphate azoté . .	40	
Nitrate de soude . . .	15	
Sulfate d'ammoniaque . .	15	
Poudrette	30	
	100	28 fr.

Ou mieux par :

Superphosphate azoté . .	50	
Nitrate de potasse . . .	5	
— de soude . . .	10	
Sulfate d'ammoniaque . .	15	
Sulfate de chaux. . . .	20	
	100	29 fr

Mis en parallèle avec le guano exotique, chacun des engrais ci-dessus produira au moins autant de résultats.

Le phospho-guano, qui n'est autre qu'un produit industriel contenant au plus 35 de phosphate presque entièrement soluble allié à un peu d'azote, peut être représenté par :

                                          Prix approximatif.

    Superphosphate azoté . . 100   16 fr.

Produit par :

    Phosphates fossiles à 60° . . 60
    Acide sulfurique à 60° . . 25
    Sulfate d'ammoniaque . . 15
                              100   18 fr.

Ou mieux par :

    Superphosphates à 45°. . 80
    Sulfate d'ammoniaque . . 7
    Nitrate de soude 7
       — de potasse . . . 6
                              100   22 fr.

Le premier contient 3 d'azote ammoniacal, et le second en contient 3, dont 1 k. 700 à l'état nitrique et 2,20 de potasse. Nous aurons à revenir sur ce produit à propos de sa valeur.

Renseignements sur les sels chimiques et sur les phosphates.

Bien souvent on nous a demandé quel est le vrai titre commercial des sels chimiques et des substances minérales le plus généralement usités. Nous allons essayer de répondre à cette question.

Règle générale, les substances qui suivent doivent contenir :

1° Le sulfate d'ammoniaque. 20 % d'azote.
2° Le nitrate de soude. 16   —
3° Le nitrate de potasse. . . . 13   —
      —   —   44 % de potasse.
4° Le chlorure de potassium 50   —
5° Le superphosphate 15   d'acide phosphorique.

Si l'analyse accusait une différence en moins, le prix devrait être réduit de cette différence qui ne peut être que le résultat de la présence de sels impurs.

Le sulfate d'ammoniaque, le nitrate de soude et le nitrate de potasse ne doivent pas, pour correspondre au titre ci-dessus, contenir plus de 3 à 6 d'impuretés.

Au moment de la transaction, il faut bien faire établir ou la richesse ou le degré de pureté.

Le chlorure de potassium se traite à 80 de chlorure représentant 50 de potasse.

Le superphosphate doit contenir 33 de phosphate soluble aux quatre cinquièmes.

Lorsque ces titres ne sont pas réels, il s'ensuit une moins value qui peut se solder par une différence assez grande, ainsi qu'on va pouvoir en juger.

Prenons, par exemple, le nitrate de potasse, le plus important de tous, et supposons-le au cours de 70 fr. les 100 kil., qui porte le kilogramme de nitrate pur à 73 centimes. S dans le produit livré le degré de pureté descend à 90, le prix doit diminuer de 3 fr. 65; à 85, on ne doit plus payer que 62 fr. 60 et 58 fr. 85 à 80.

On comprend, par cet exemple, combien il est indispensable de bien constater ce que titre le produit à livrer.

Autre exemple. — A 27 fr. le chlorure de potassium de 80 degrés de pureté, l'on ne devra payer les 70 que 23 fr. 25 et 20 fr. 25 les 60.

Ces deux exemples doivent suffire.

Ce que nous venons de dire pour les sels chimiques s'applique en tout point aux superphosphates et aux phosphates.

Nous savons, d'une manière très pertinente, que journellement on livre des superphosphates qui ne renferment guère plus de 10 à 12 pour 100 d'acide phosphorique et qu'ils sont cotés 13 et 14 fr. De cette manière le kilogramme d'acide phosphorique qui est censé livré à 1 fr. revient à 1 fr. 20, 1 fr. 30 et 1 fr. 40.

Le vrai superphosphate est au titre que nous avons énoncé

plus haut, et c'est le titre qu'on est en droit d'exiger, à moins de conventions contraires.

Mais d'ailleurs le prix de 1 fr. le kilogramme d'acide phosphorique est-il en rapport avec les prix actuels des phosphates ?

Voici, d'après nous, les cours que l'on peut espérer :

Phosphates fossiles (44 de phosphates)	les 100 kil.	5 f. 50
— (52 —)	—	7 »
— (60 —)	—	8 50
— (70 —)	—	10 50
Superphosphates (27 —)	—	9 75
— (30 —)	—	10 25
— (36 —)	—	12 50
— (40 —)	—	13 »

Comme il est facile de s'en convaincre, si le prix du kilogramme d'acide phosphorique ressort à 80 centimes dans les phosphates à 27 degrés, il n'est plus que de 75 dans les superphosphates à 40 degrés.

C'est l'inverse qui se produit dans les phosphates fossiles. De 25 centimes dans les phosphates de 44 degrés, l'acide phosphorique monte à 34 dans les 69 degrés.

Nous engageons de nouveau et de plus fort MM. les agriculteurs à bien se pénétrer de ces renseignements qui les touchent de près.

Tous les calculs auxquels nous venons de nous livrer sont établis sur les cours actuels. Ils ne peuvent point être révoqués en doute.

Voici au surplus le cours moyen des sels chimiques autres que les superphosphates.

Sulfate d'ammoniaque	47 à 50 fr.
Nitrate de soude	40 à 45
— de potasse	66 à 70
Chlorure de potassium	25 à 27

Nous nous mettons entièrement à la disposition de MM. les agriculteurs pour leur fournir tous les renseignements qui pourraient leur être utiles.

Modifications des formules.

Dans la fumure extensive, il ne serait ni possible ni avantageux de fumer au moyen des formules que nous avons déjà données. Ce qui est bien en théorie peut ne pas l'être dans la pratique. Aussi certains agriculteurs, nous pourrions dire peut-être tous, s'y conforment plus ou moins.

Nous pouvons faire une chose utile en faisant passer sous les yeux de nos lecteurs les engrais que nous avons préparés pour les récoltes de l'année. On ne s'attend pas à ce que nous reproduisions toutes les combinaisons que nous avons été appelés à faire expérimenter. Nous choisissons dans le nombre celles qui nous paraissent résumer ce qu'il y a de mieux pour chaque nature de terrain.

ENGRAIS POUR BLÉ

134	Superphosphate de chaux.
90	Chlorure de potassium.
130	Sulfate d'ammoniaque.
312	Poudrette.

666 kil. à l'hectare, au prix de 135 à 140 fr.

Cette formule a été employée d'une manière assez générale dans l'arrondissement de Castelnaudary, sur les terres argilo-calcaires siliceuses, et notamment :

A Fendeille, par MM. J. Cesses et P. Guilhem;
A Castelnaudary, par MM. G. Guy et Coffinières, notaire;
A Saint-Martin-Lalande, par MM. J. Pech et L. Bouissou;
A Lacassaigne, par M. V. Bonnery;
A Belflou, par M. G. Marty;
A Villespy, par M. B. Salvetat;
A Laurac-le-Grand, par M. P. Estanave.

Nous verrons à la récolte si le rendement a été satisfaisant et s'il ne serait pas possible d'atteindre le même but en restreignant la dose à 600 kil. que nous combinerions de la manière suivante :

    140   Superphosphate de chaux.
     65   Chlorure de potassium.
    130   Sulfate d'ammoniaque.
    265   Poudrette.
    ---
    600 kil. au prix de 125 à 130 fr.

Aux premières semences et dans des terrains de même nature, nous emploierons cette dernière formule qui ne le cèdera en rien, c'est notre opinion, à la formule précédente, tout en réalisant une économie de plus de 10 pour 100 sur la fumure d'un hectare.

Nous agirons de la même manière à l'égard de toutes celles qui suivent. Nous essaierons de faire des économies pourvu qu'elles soient permises.

MM. Pradines, Dr-M. à Fronton, et Pougés, à Daux, ont fait usage de l'engrais à 666 kil. à l'hectare. Cet emploi simultané dans deux départements nous permettra de voir si nous devons en faire usage d'une manière continue sur tous les terrains similaires.

MM. Barrié, au Pinchenié, près Pexiora, et Mullot, au château du Pech, près Carcassonne, sur des terrains feldspathiques, se servent de l'engrais chimique sans potasse. Ils le composent comme suit :

    260   Superphosphate de chaux.
    170   Sulfate d'ammoniaque.
    170   Sulfate de chaux.
    ---
    600 kil. à l'hectare, au prix de 130 à 135 fr.

Il n'y aurait aucun inconvénient et il y aurait tout avantage à remplacer le sulfate de chaux par la poudrette, pour rendre l'engrais plus complet, ce qui permettrait de le formuler de la manière suivante :

    150   Superphosphate de chaux à 40°.
    130   Sulfate d'ammoniaque.
    320   Poudrette.
    ---
    600 kil. à l'hectare, au prix de 120 à 125 fr.

C'est ce que fait M. de Beauquesne, à Gensac (Tarn-et-

Garonne), qui emploie par hectare au moment de la semence et sur des terres riches en potasse :

```
200   Superphosphate de chaux.
100   Sulfate d'ammoniaque.
200   Poudrette.
```
500 kil. à l'hectare, au prix de 105 à 110 fr.

Sauf à compléter sa fumure au printemps, si le besoin s'en fait sentir. Cette année, une addition d'engrais n'a été nécessaire que sur quelques parties, notamment sur celles qui avaient porté du maïs de grain ou du maïs de fourrage, enlevé au moment des semailles de blé.

Cette formule a été expérimentée sur 60 hectares de blé et 15 d'avoine.

MM. F. Bousquet, P. Bonnery et Ant. Laurent, à Laurabac; B. Bousquet, à Fendeille, et Marfan, Dr-M. à Castelnaudary, ont employé sur des sols identiques :

```
170   Superphosphate de chaux.
160   Sulfate d'ammoniaque.
170   Sulfate de chaux.
```
500 kil. à l'hectare, au prix de 110 à 115 fr.

C'est un peu moins que MM. Barrié et Mullot; mais c'est à très peu de chose près leur formule quant à l'azote.

M. Roux, architecte à Castelnaudary, sur terrain épuisé, a fumé au moyen de :

```
200   Superphosphate de chaux.
 50   Chlorure de potassium.
 50   Sulfate d'ammoniaque.
700   Poudrette.
```
1000 kil. à l'hectare, au prix de 135 à 140 fr.

Cette formule, bien que faible en azote, produira autant de résultats que celles qui en contiennent 30 et 34. Nous verrons si le rendement nous donnera raison.

Mme Catherine Bouissou, de Laurabuc, aussi sur un terrain un peu épuisé, s'est servie de :

260 Superphosphate de chaux.
  66 Sels alcalins.
  200 Sulfate d'ammoniaque.
  140 Sulfate de chaux.
  ──
  666 kil. à l'hectare, au prix de 145 à 150 fr.

C'est une fumure extraordinaire pour un terrain feldspathique.

Voici encore un engrais extra employé par M. le comte de Virieu, à Féral, sur un terrain qui, l'année dernière, avait porté une avoine abondante :

  250 Superphosphate de chaux.
  50 Chlorure de potassium.
  40 Nitrate de potasse.
  100 Sulfate d'ammoniaque.
  900 Poudrette.
  160 Sulfate de chaux.
  ──
  1500 kil. pour 1 hect. 35, au prix de 220 à 225 fr.

Mme Denille, à Saint-Martin-le-Viel, sur un terrain calcaire, a fumé avec :

  100 Superphosphate de chaux.
  50 Chlorure de potassium.
  60 Sulfate d'ammoniaque.
  400 Poudrette.
  390 Tourbe.
  ──
  1000 kil. à l'hectare, au prix de 115 à 120 fr.

En introduisant la tourbe dans l'engrais conjointement avec la poudrette, nous avons cherché à réagir sur le calcaire par la décomposition de l'humus. Nous attendons le résultat, mais nous serions bien surpris s'il ne répondait pas à notre attente.

Pour clore la série des engrais pour blé, nous donnons la combinaison adoptée par M. le baron de Séverac et qui est la plus simple de toutes :

  800 Poudrette pure.
  200 Superphosphate.
  ──
  1000 kil. à l'hectare, au prix de 115 à 120 fr.

Il est vrai de dire qu'il opère sur un terrain riche en principes fertilisants, en potasse surtout.

Nous nous sommes étendu à dessein sur les engrais destinés aux céréales, parce que cette récolte est la plus importante. Nous passerons rapidement sur les autres.

ENGRAIS POUR PRAIRIES

Pour prairie naturelle et prairie artificielle, voici la formule que nous avons plus spécialement donnée :

<pre>
150   Superphosphate de chaux.
 70   Nitrate de potasse.
280   Poudrette.
─────
500 kil. à l'hectare, au prix de 95 fr.
</pre>

Dans les terrains riches en potasse nous employons le nitrate de soude au lieu et place du nitrate de potasse. Le prix de l'engrais se réduit à 81 fr.

Dans les terrains humides, tourbeux et riches en potasse, nous avons employé :

<pre>
200   Phosphates fossiles.
300   Poudrette.
200   Cendres lessivées.
─────
700 kil. à l'hectare, au prix de 49 à 56 fr.
</pre>

ENGRAIS POUR VESCES-FOURRAGES

Pour une récolte de vesces, M. Senac, à Saint-Nicolas-de-la-Grave, s'est servi de :

<pre>
900   Poudrette.
100   Superphosphate.
─────
1000 kil. à l'hectare, au prix de 85 à 90 fr.
</pre>

Et pour un semis de trèfle, M. Azéma, propriétaire au Comte, près le Vernet d'Ariége, s'est contenté de :

```
   50  Chlorure de potassium.
   50  Nitrate de potasse.
   50  Sulfate d'ammoniaque.
  650  Poudrette.
  800 kil. à l'hectare, au prix de 127 fr.
```

Ses terres se trouvent pourvues de phosphates.

ENGRAIS POUR MAÏS

Voici l'engrais adopté par M. de Beauquesne pour son maïs de grain :

```
  262  Superphosphate de chaux.
  300  Poudrette.
  562 kil. à l'hectare, au prix de 67 fr.
```

Pour le maïs de fourrage, il ajoute 50 kil. de nitrate de soude, et le prix de l'engrais s'élève à 90 fr. pour un hectare.

M. Barrié, du Pinchenié, a employé comparativement les deux formules suivantes :

Première formule.

```
  420  Superphosphate de chaux.
  150  Chlorure de potassium.
  200  Sulfate d'ammoniaque.
  130  Sulfate de chaux.
  900 kil. pour 1 hect. 50, au prix de 135 fr.
```

Deuxième formule.

```
  420  Superphosphate de chaux.
  150  Salin de betteraves.
  200  Sulfate d'ammoniaque.
  130  Sulfate de chaux.
  900 kil. pour 1 hect. 50, au prix de 138 fr.
```

Cet engrais contient trop d'azote ; celui employé par M. Senac pourra être considéré comme la dose typique pour maïs en tant qu'azote.

```
    250   Superphosphate de chaux.
     75   Nitrate de soude.
    300   Poudrette.
    625 à l'hectare, au prix de 100 fr.
```

Sur un terrain qui avait reçu du fumier, nous lui avons fait essayer pour la même récolte :

```
    450   Fossile à 44°.
    550   Poudrette.
   1000 kil. à l'hectare, au prix de 70 fr.
```

Cet engrais laissera dans le sol les trois quarts de ses phosphates qui pourront servir pour les récoltes ultérieures, notamment pour le blé.

ENGRAIS POUR SAINFOIN ET PLANTES FOURRAGÈRES

Pour sainfoin sur *boulbène argileuse*, nous avons préparé pour M. Dombios, de Castelsarrazin, un engrais de la composition suivante :

```
    100   Superphosphate de chaux.
     50   Chlorure de potassium.
     25   Nitrate de soude.
    250   Poudrette.
     75   Cendres et plâtre.
    500 kil. pour un hectare, au prix de 65 fr.
```

Et pour *boulbène blanche*, un second engrais composé de :

```
     50   Superphosphate de chaux.
     60   Chlorure de potassium.
     25   Nitrate de soude.
     25   Sulfate d'ammoniaque.
    340   Poudrette.
    500 kil. pour un hectare, au prix de 80 fr.
```

La dose est un peu faible; nous estimons qu'elle devrait être portée à 600 kil.

ENGRAIS POUR POMMES DE TERRE

Pour pommes de terre, sur un terrain ordinaire, l'engrais suivant a toujours donné de très bons résultats :

100 Superphosphate de chaux.
100 Sulfate de potasse.
 50 Sulfate d'ammoniaque.
275 Poudrette.
275 Tourbe.
─────
800 kil. à l'hectare, au prix de 108 fr.

Nous appliquons ce même engrais à la betterave.

ENGRAIS POUR VIGNE

Enfin, pour la vigne, et d'une manière générale, nous appliquons aux terres épuisées :

    50 Superphosphate de chaux.
    50 Phosphates fossiles.
    80 Chlorure de potassium.
    25 Sulfate d'ammoniaque.
   395 Poudrette.
   400 Tourbe.
─────
1000 kil. au prix de 100 fr., en portant la dose par hectare à 1500 kil.

Comme fumure d'entretien, il suffit d'employer :

10 Phosphates fossiles.
 6 Chlorure de potassium.
42 Poudrette.
42 Tourbe.
─────
100 kil. au prix de 8 fr., et à la dose de 1500 kil. à l'hectare.

Exceptionnellement nous donnons pour la vigne la formule suivante qui toujours a donné les meilleurs résultats à MM. de Saint-Amans, près Belpech, Thomières, à Rabastens. M. Lamothe-Mouchet, à Lavilledieu, et M. Dombios, à Castelsarrazin, en font usage depuis peu.

100 Phosphates fossiles.
 50 Chlorure de potassium.
850 Chiffons animalisés.
─────
1000 kil. à l'hectare, au prix de 100 fr.

Nous bornons là nos citations, persuadés que chacun pourra y puiser des enseignements utiles pour fixer une dose de fumure qui puisse lui donner une abondante récolte avec le moins de dépense possible.

NOTES

SUR LA VALEUR AGRICOLE DES ENGRAIS VENUS DU DEHORS

ET QUE L'ON VEND SUR LA PLACE DE TOULOUSE

Nous n'avons nullement l'intention de nous occuper de la fabrication de la poudrette fabriquée à Toulouse, pas plus que des engrais préparés par MM. Despax aîné et Ce et par la Foncière Toulousaine.

Notre position dans cette dernière nous interdit d'être juge et partie dans l'appréciation d'une fabrication qui est de notre fait.

Nous n'avons à nous prononcer que sur la valeur des produits venus du dehors et qui ont leur représentant ici. Mais avant qu'il nous soit permis d'établir en fait qu'à Toulouse on peut produire aussi bien, sinon mieux, qu'à Bordeaux, Clermont-Ferrand, Lyon, Paris ou toute autre usine. Nous possédons deux fabriques de sulfate d'ammoniaque et une de nitrate de potasse; voilà pour l'azote chimique; pour l'azote organique, nous le trouvons dans deux usines d'équarrissage, dans le sang desséché et dans la poudrette. Le phosphate nous vient du Tarn-et-Garonne dans des conditions d'économie que pas un ne peut réaliser. Quant à la potasse, nous pouvons comme tout le monde puiser à la source commune. Il est donc juste de dire que l'on peut produire ici des engrais aussi riches que ceux que nous allons passer en revue avec une économie qui le plus souvent n'est pas moindre de 25 pour 100.

Les produits que l'on a entreposés à Toulouse sont :

1° Le guano du Pérou, vendu par M. A. Durrieu, rue des Couteliers, 43;

2° Le phospho-guano, vendu par MM. Bary frères, allées Saint-Etienne, 39;

3° Le superphosphate Ornithos, vendu par les mêmes;

4° La poudrette et les engrais de Bondy, vendus par M. Hutin, rue de Bayonne, 1;

5° Les engrais Goulding, vendus par M. Blanc, Porte-Saint-Etienne, 2;

6° Les engrais H. Merle et Ce, vendus par M. Verdoux, rue Sainte-Ursule, 13;

7° Les engrais Coignet et Ce, vendus par MM. Belleville et Ce.

Nous avons déjà entretenu nos lecteurs du guano et du phospho-guano pour leur faire connaître la composition de ces produits; nous allons leur montrer d'une manière irréfutable qu'ils sont vendus à l'agriculture à un prix bien au-dessus de leur valeur agricole.

Nous commencerons par le Guano. Nous savons par la circulaire de MM. Dreyfus frères et Ce, agents financiers du gouvernement péruvien, concessionnaires du Guano, que les prix de ce produit sont fixés comme suit :

331 fr. 50 pris en quantité de 30 tonnes et au-dessus.

361 fr. 50 pris en quantité moindre.

Par tonne de 1,000 kilogrammes, poids brut, dans un des dépôts ci-après désignés.

Le Guano est livré en sacs plombés et il n'est pas vendu moins d'un sac.

Le payement sera fait au comptant, sans escompte, contre l'ordre de livraison.

Les frais d'enlèvement des magasins seront à la charge de l'acheteur qui doit prendre immédiatement livraison du Guano, et qui, à partir de ce moment, sera entièrement à la charge de l'acheteur.

Nous remarquerons encore que toute faculté étant réservée à l'acheteur d'examiner le Guano dans les magasins et d'assister au pesage, aucune réclamation ne sera admise après la livraison.

Ainsi, il faut acheter de confiance un produit dont vous ne connaissez pas la richesse, et il ne vous reste pas même la possibilité de réclamer. C'est à prendre ou à laisser.

Nous avouons pourtant que ce qui nous frappe le plus, c'est l'écart qui existe dans les prix, lorsque le produit est pris par quantité de 30,000 kil. ou par quantité moindre; sa valeur agricole ne changeant pas, il serait bien naturel que le prix de 334 fr. 50 fût maintenu.

Cette augmentation est toute à l'avantage des consignataires qui sont largement rémunérés par un bénéfice de 30 fr. par tonne.

Il est donc établi que 100 kil. de Guano pris aux dépôts à Dunkerque, au Havre, à Nantes, à Saint-Nazaire, à Bordeaux et à Marseille coûtent au propriétaire 36 fr. 15, plus les frais de transport. Sans exagération, nous pouvons fixer ce prix pour Toulouse à la somme ronde de 38 fr.

Nous avons déjà dit et nous le répétons que le Guano contient 7 à 8 d'azote et 20 à 25 de phosphates divers; nous savons également que l'azote dans les nitrates a une valeur agricole de 2 fr. 50 par chaque kilogramme.

Dans le sulfate d'ammoniaque, 2 fr. 50 le kil.

Dans le sang et les poudrettes, 2 fr. le kil.

Et que l'on compte l'acide phosphorique soluble à raison de un franc.

Nous ne voulons pas marchander sur sa teneur en principes utiles qui peuvent être moindres.

Nous acceptons le Guano pour 8 d'azote et 25 de phosphate, et nous lui accorderons le bénéfice du prix de l'azote ammoniacal, bien qu'une bonne partie s'y trouve à l'état organique.

Nous compterons le phosphate comme acide, afin de ne pas être taxés de partialité.

Nous aurons par conséquent :

Azote, 8 kil. à 2 fr. 50. . . . . 20 fr.
Acide phosphorique, 11 36 à 1. 11 fr. 36
Valeur réelle. . . . . 31 fr. 36

Au prix de 38 fr., on paie donc le Guano 6 fr. 64 de plus qu'il ne vaut réellement.

Que serait-ce donc si nous taxions les éléments utiles d'après leur valeur réelle et si, comme cela arrive souvent, la quantité d'azote descendait au-dessous de 7 ?

Au prix de 31 fr., le Guano que l'on vend aujourd'hui est à sa valeur. Au-dessus, il constitue une perte pour l'agriculture. Nous osons espérer que bientôt ce produit cessera d'alimenter notre agriculture si le gouvernement péruvien persiste à le vendre au prix actuel.

Avec les ressources que nous possédons, l'industrie nationale peut produire un engrais aussi complet, aussi riche en sels solubles, à des prix plus modérés.

Croit-on qu'une combinaison de 60 kil. d'os non dégélatinés traités par 15 d'acide sulfurique à 60° et de 25 kil. de sulfate d'ammoniaque, ou bien 45 de fossile à 60°, 25 d'acide nitrique et 30 de nitrate de soude, croit-on, disons-nous, que le résultat pût être douteux et qu'il serait moindre que celui obtenu par le Guano ? La première combinaison ne dépasserait pourtant pas le prix de 26 fr. et la deuxième 31 50, et leur titre serait aussi riche que celui du Guano.

Voici encore une autre combinaison qui ne le céderait en rien aux précédentes :

    30 Phosphate fossile.
    15 Acide nitrique.
    18 Sulfate d'ammoniaque.
     6 Nitrate de soude.
     6 Nitrate de potasse.
    25 Poudrette.

Son prix serait de 31 fr. Elle se rapproche plus que les précédentes de la composition du Guano.

Pour nous résumer, il est temps que l'agriculture abandonne un produit qui prélève sur elle des bénéfices que rien ne justifie. Qu'elle mette en comparaison les formules que nous donnons avec le Guano du Pérou, et nous avons l'espoir qu'elle n'aura qu'à se louer des bons résultats qu'elle obtiendra.

Ce n'est point, qu'on veuille bien le croire, un intérêt personnel qui nous dirige dans tout ce que nous venons de dire. Nous avons voulu seulement dessiller les yeux des personnes qui jurent encore par l'engrais péruvien.

Nous ne quitterons pas le Guano sans dire notre opinion sur la nouvelle combinaison inventée pour en faciliter la vente, combinaison qui ne tend à rien moins qu'à diminuer sa valeur.

On vend le *Guano dissous* qui n'est autre chose que le mélange d'une certaine quantité d'cide sulfurique au produit naturel, afin de rendre le phosphate plus soluble. La richesse en azote et phosphates est diminuée d'autant, et la valeur descend en proportion. Ainsi, si on remplace 15 kil. de Guano par 15 kil. d'acide sulfurique, on élimine de 1 à 1,20 d'azote et 3 à 3,75 de phosphate. Partant la valeur diminue, et le produit qui valait 31 fr. ne vaut plus que 28 ou 29 fr. C'est une véritable duperie.

Tout le raisonnement qui précède s'applique avec bien plus de raison au phospho-guano, qui ne peut accuser qu'une richesse agricole bien maigre (2 à 3 d'azote et 35 de phosphate presque entièrement soluble) pour un prix bien élevé (29 fr. les 100 kil.) C'est à peine si sa valeur est de 21 fr.

Accordons qu'il contienne 3 d'azote et 35 de phosphate et que l'azote soit à l'état de sulfate d'ammoniaque et nous aurons :

Azote, 3 à 2,50. . . . . 7 fr. 50
Acide phosphorique, 15,90 à 1, } 15 fr. 90 } Soit : 23 fr. 40.
Ou phosphate acide, 36 à 0,454.

Mais s'il contenait moins d'azote et que la quantité de phosphate diminuât, comme aussi si on tenait compte des phosphates non acides, et si on ramenait le prix de l'acide phosphorique à 0,80, on voit facilement que sa valeur ne se maintiendrait pas même à 20 fr.

On nous saura gré d'expliquer comment il peut se faire

que l'on ait la prétention de maintenir un prix si élevé à un produit que l'on peut obtenir ici couramment au prix de 20 fr.

Le phospho-guano est d'importation anglaise. Les phosphates sont arrivés dans les usines ou de l'Estramadure, ou d'Amérique, ou de France, ce qui a nécessité un prix de transport. Pour revenir en France d'abord et pour venir à Toulouse ensuite, nouveaux frais de transport que le produit doit nécessairement supporter en l'augmentant d'une somme assez ronde pour indemnité aux consignataires. Le phospho-guano fait les choses aussi noblement que le guano.

Supposons que chaque tonne de phosphate ait coûté des gissements aux usines une somme de 20 fr. et que pour venir à Toulouse elle ait dépensé autant, nous voyons que le prix de revient des phosphates s'est accru de 40 fr. pour 1,000 k. Qu'on n'aille pas croire que cette somme de 40 fr. soit exagérée ; elle est au contraire au-dessous de la vérité : de Saint-Antonin (Tarn-et-Garonne) qui exporte en Angleterre, le prix de transport jusqu'à Montauban et Bordeaux, coûte près de 20 fr. la tonne. Le voyage d'aller et de retour en Angleterre ne se fait pas pour rien. On voit que nous ne profitons pas de tout l'avantage que nous offre ce double parcours, car il y a d'autres frais que nous négligeons. Ajoutons à la somme de 40 fr., prix du frêt, celle de 30 fr. accordée aux consignataires, et nous verrons qu'une somme de 7 fr. grève le phospho-guano en pure perte pour l'agriculture.

Toulouse peut produire un très bon engrais, de composition plus riche et plus complexe que celui qui vient d'outre-Manche et qui ne dépassera guère le prix de 23 fr.

Nous recommandons à MM. les agriculteurs la formule suivante, supérieure à tous les phospho-guano du monde :

  80 Superphosphate à 45°.
  7 Sulfate d'ammoniaque.
  7 Nitrate de soude.
  6 Nitrate de potasse.

Cette combinaison contient 36 de phosphate, 3,30 d'azote et 2,64 de potasse. Jamais les produits anglais ne pourront soutenir la lutte contre cet engrais qui pourtant ne peut dépasser le prix de 23 fr.

Nous engageons MM. les agriculteurs à composer eux-mêmes leur phospho-guano, afin qu'ils puissent juger du mérite de nos observations.

On peut encore mettre le phospho-guano en comparaison avec l'une des trois formules suivantes :

1°   85 Superphosphate.
        15 Sulfate d'ammoniaque.
        Au prix de 21 fr. les 100 kil.

2°   83 Superphosphate.
        17 Nitrate de soude.
        Au prix de 21 fr. 50 les 100 kil.

3°   80 Superphosphate.
        20 Sang desséché.
        Au prix de 20 fr. les 100 kil.

Chacune de ces trois formules doit produire au moins autant que le produit anglais.

Mais un engrais économique qui ne lui cèdera pas non plus, c'est le suivant :

        55 Superphosphate à 50°.
        35 Poudrette pure.
        5 Sulfate d'ammoniaque.
        5 Nitrate de soude.

Au prix de 20 fr. les 100 kil., il offre 2,46 d'azote, 30 à 32 de phosphate acide et 5 à 600 gr. de potasse.

Le superphosphate-Ornithos ou d'oiseau a pour élément de fabrication un guano naturel phosphaté, provenant de déjections d'oiseaux.

Une analyse de M. Barral lui assigne :

        33,94 de phosphate et 0,860 d'azote.

Une autre de M. Bobière :

        34,27 de phosphate et 0,640 d'azote.

Une troisième de M. Grandeau :

41,58 de phosphate et 0,760 d'azote.

Les 5/6 des phosphates sont solubles comme dans tous les superphosphates.

On le vend 16 fr. 50 les 100 kil. pour 15,000 kil., et 18 fr. les 100 kil. pour quantité moindre.

La moyenne en phosphate est de 36,57, dont 30 solubles, ou 13,63 d'acide phosphorique et 0,750 d'azote.

La valeur agricole de ce superphosphate est donc de :

13 fr. 63 pour 13,63 d'acide phosphorique soluble au prix de 1 fr.
1 fr. 05 pour 2,98 d'acide phosphorique basique, au prix de 0 fr. 35.
1 fr. 85 pour 0,750 d'azote, à 2 fr. 50.
1 fr. pour emballage.

Ensemble. 17 fr. 53.

En calculant l'acide phosphorique à 1 fr.; mais si on ne le compte qu'à 0,80 centimes, le prix descend à 14 fr. 80; car alors les 13 kil. 63 d'acide phosphorique ne figureront plus dans le prix de revient que pour 10 fr. 80.

Mais il paraît que ce produit ne contient pas au moment de la vente la richesse accusée par les analyses ci-dessus. Le prospectus n'accuse en effet qu'une teneur de 25 à 30 de phosphate soluble. L'écart est assez sensible, puisqu'il peut se chiffrer par 2 fr. au moins, ce qui élèverait l'acide phosphorique de 1 fr. 25 à 1 fr. 55 au lieu de 1 fr.

Quoi qu'il en soit, ce superphosphate est vendu au-dessus de son prix.

Voici une combinaison aussi riche et plus économique que le produit que nous venons d'examiner :

66 superphosphate à 45° et 34 de poudrette pure, représentant de 32 à 33 de phosphate acide et 6 à 700 grammes d'azote, ne coûteraient que 13 fr. 59 au plus.

Ce superphosphate est à base organique comme l'Ornithos. On peut l'employer comparativement.

Continuons nos observations par l'examen de la *poudrette* de Bondy et de l'*engrais riche* de Bondy.

Nous ne connaissons pas la richesse de cette poudrette ; nous savons seulement qu'elle est vendue 90 fr. en sacs plombés et perdus en gare de Noisy, et que pour arriver à Toulouse, ce prix s'augmente de 35 fr. pour le transport effectué par quatre lignes ferrées (ligne de Paris à Strasbourg, chemin de ceinture, lignes d'Orléans et Midi).

Nous n'avons pas d'analyses, mais en lui supposant une richesse en azote de 2 kil. 50 par chaque 100 kil. (et elle ne peut contenir davantage), sa valeur n'excède pas 10 fr., et elle revient au moins à 12 fr.

Il faut que la Compagnie anglaise compte sur la naïveté des agriculteurs pour envoyer de la poudrette à Toulouse ; il est vrai qu'on l'a dit nitratée ; mais toute nitratée qu'elle est, c'est tout au plus si elle vaut 10 fr.

Puisque l'annonce du titre nous fait défaut, cherchons à définir la richesse qu'on a pu lui donner par la richesse de l'engrais sorti de la même fabrique.

La Compagnie vend 30 fr. les 100 kil. l'engrais contenant de 5 à 6 d'azote assimilable et 10 à 12 d'acide phosphorique rendu soluble. Défalcation faite du prix de l'emballage, le prix net du produit est de 29 fr. La poudrette se vendant 9 fr. représente à peu de chose près 35 pour 100 de la richesse de l'engrais, soit en nombres ronds 2 d'azote et 4 d'acide phosphorique, qui, calculés comme nous l'avons fait pour les produits précédents, nous donnent une somme de 9 fr. et l'emballage. Nous avions donc raison de dire que la poudrette ne vaut pas plus de 10 fr. On voudra bien remarquer que pour obtenir ce chiffre, nous comptons l'azote à 2 fr. 50 et l'acide phosphorique à 1 fr.

Nous avons dit que l'engrais contient 5 à 6 d'azote et 10 à 12 d'acide phosphorique ; à ce titre, sa valeur ne peut être que de 22 fr. 50 à 27 et non 30 fr., non compris 3 fr. 50 au moins de Bondy-Noisy à Toulouse.

La poudrette pure à Toulouse, tout aussi riche que celle de Bondy, ne coûte que 9 à 10 fr. les 100 kil. et elle ne lui cède en rien en fait de qualité.

Nous ne comprendrions pas que, pour le plaisir de procurer à la Compagnie anglaise un écoulement de ses produits, MM. les agriculteurs du Midi soient disposés à payer 12 50 à 13 fr. un produit qu'ils trouvent ici en abondance et à des conditions beaucoup moins onéreuses.

Quant à l'engrais, il sera avantageusement remplacé par la combinaison suivante :

    45 Superphosphate.
    15 Nitrate de soude.
    15 Sulfate d'ammoniaque.
    25 Poudrette pure.
    ———
    100 au prix de 22 fr. 50.

Que dirons-nous des engrais Goulding ? Encore des produits anglais qui comptent sur l'effet de la publicité pour se vendre. Nous sommes vraiment écœurés d'avoir toujours à ressasser les mêmes choses. Ces engrais sont au nombre de six :

1° *Engrais pour la vigne et contre le Phylloxéra.*

Spécialement composé pour la culture de la vigne, cet engrais contient 13 à 14 pour 100 de sulfate de potasse, 13 à 14 pour 100 de phosphate de chaux et 4 pour 100 d'ammoniaque pure.

2° *Engrais spécial.*

Composé d'os dissous, de sang, de potasse, etc., il contient environ 20 pour 100 de sels ammoniacaux et 22 à 24 pour 100 de phosphate de chaux soluble.

3° *Engrais pour blés et prairies.*

Cet engrais contient plus d'ammoniaque que l'engrais spécial, et une partie de ce sel y est sous forme de nitrate.

4° *Engrais d'os.*

Spécialement pour Navets, Betteraves, Maïs.

5° *Superphosphate de chaux.*

Contenant 23 à 25 pour 100 de phosphate de chaux.

6° *Engrais pour le tabac.*

Il contient 12 à 14 pour 100 de phosphate soluble, 5 p. 100 de magnésie et 5 pour 100 d'ammoniaque pure.

Ces produits sont vendus garantis sur analyse, pris à Bordeaux et payables comptant, sans escompte, aux prix suivants :

1° Engrais pour la vigne.....	fr. 28 50	les 100 kil.
2° Engrais spécial...........	27 50	—
3° Engrais pour blés et prairies.	28 50	—
4° Engrais d'os............	20 50	—
5° Superphosphate de chaux...	16 40	—
6° Engrais pour le tabac.....	28 50	—

L'engrais n° 1 contient 3,20 d'azote, 7,29 de potasse et 6 d'acide phosphorique.

Sa valeur agricole est de 18 fr. au plus et on le vend 28 fr. 50.

L'engrais n° 2 contient 4 d'azote et 10 à 11 d'acide phosphorique.

Sa valeur est de 19 fr. 50 et on le vend 27 fr. 50.

Pour les n°s 3, 4 et 5, la richesse n'est pas accusée. Le moins que nous puissions en dire, c'est que leur valeur doit être à l'avenant de celle des autres.

L'engrais n° 6 titre 4 d'azote, 56 d'acide phosphorique, ne vaut pas plus de 17 à 18 fr. et on le vend 28 50, soit 10 fr. de plus-value sur 100 kil. d'engrais; c'est vraiment trop.

Dans les engrais H. Merle et C°, nous ne trouvons pas la même exagération, mais peu s'en faut; aussi l'écoulement en est très difficile. Leur richesse consiste surtout en acide phosphorique et en potasse, deux substances que ces Messieurs fabriquent en grand, mais à des conditions inabordables.

L'engrais Coignet père et fils est établi d'après les vrais

www.ingramcontent.com/pod-product-compliance
Lightning Source LLC
LaVergne TN
LVHW050623090426
835512LV00008B/1645